Astronomische Abhandlungen
Ergänzungshefte zu den Astronomischen Nachrichten
Band 12, Nr. 3

Nr. 3

W. RABE

Mikrometermessungen von Doppelsternen in den Jahren 1932 bis 1946

1953

AKADEMIE-VERLAG · BERLIN

Erschienen im Akademie-Verlag GmbH., Berlin NW 7, Schiffbauerdamm 19
Veröffentlicht unter der Lizenznummer 1209
des Amtes für Literatur und Verlagswesen der Deutschen Demokratischen Republik
Satz und Druck: Druckerei „Magnus Poser", Zweigbetrieb Jena
Bestell- und Verlagsnummer 2015/12/3
Preis DM 15,—
Printed in Germany

Astronomische Abhandlungen
Ergänzungshefte zu den Astronomischen Nachrichten
Band 12, Nr. 3

Mikrometermessungen von Doppelsternen in den Jahren 1932 bis 1946

Von W. RABE, München

(Eingegangen am 29. November 1951)

Der nachfolgende Katalog enthält die Jahresmittel aller meiner von 1932 bis 1946 an der Sternwarte München erhaltenen Doppelsternmessungen. Die Hauptreihe wurde von Juli 1934 bis Juli 1944 am MERZ-Refraktor gewonnen, der 10½ Pariser Zoll = 11.2 inches = 284 mm Objektivöffnung und 15 Pariser Fuß = 4.87 m Brennweite besitzt. Durch Bombenangriffe am 11. und 13. Juli 1944 wurde die Sternwarte teilweise zerstört und zunächst ein Abbruch der Arbeit bedingt. Der Versuch, die Beobachtungen nach Beendigung der Kampfhandlungen wieder in altem Umfang aufzunehmen, scheiterte an der völlig unzureichenden Elektrizitätsversorgung. Die Messungen 1945/46 sind daher den früheren nicht ganz gleichwertig, da sie weitgehend ohne Laufwerk erhalten wurden. Ehe die Hauptreihe begann, hatte ich 1932/34 am 5zölligen STEINHEIL-Refraktor eine Reihe von Messungen gewonnen und im Sommer 1940 konnte ich bei einem Aufenthalt in Babelsberg den 65-cm-ZEISS-Refraktor benutzen. Alle diese Messungen sind in dem Katalog enthalten, zusätzlich einiger sporadischer Beobachtungen am 10½-Zöller aus den Jahren 1927 und 1931. Der Anteil der einzelnen Instrumente ergibt sich aus folgender Übersicht:

Zeitraum	Instrument		
Aug. 1932 bis April 1934	5″ STEINHEIL	40 Abende	382 Messungen
Juli 1934 ,, Juli 1944	10½″ MERZ	804 ,,	14904 ,,
Juli 1940 ,, Aug. 1940	65 cm ZEISS	16 ,,	198 ,,
Sept. 1945 ,, Nov. 1946	10½″ MERZ	58 ,,	1135 ,,
	insgesamt	918 Abende	16619 Messungen

Das Objektiv des 10½-zölligen Refraktors weist hervorragende Bildschärfe und relativ geringfügiges sekundäres Spektrum auf. Es wurde 1834 von G. MERZ, dem Nachfolger FRAUNHOFERS, vollendet und im gleichen Jahr von W. STRUVE an Testobjekten geprüft; der Bericht hierüber ist in Astron. Nachr. **13**, S. 28/30 enthalten. Das REPSOLDsche Fadenmikrometer von 1883 besitzt den Schraubenwert 24″.818 und ist frei von merklichen periodischen Fehlern, die Dicke der Fäden beträgt 0″.45. Die vollendete Definition des Objektives trat bei Verwendung moderner ZEISSscher orthoskopischer Okulare besonders deutlich in Erscheinung. Bis 1936.18 wurde mit 10-mm-Okular, bis 1937.0 meist mit 7-mm-Okular, dann fast ausschließlich mit 5-mm-Okular beobachtet. Die deutliche Trennfähigkeit für genügend helle Objekte liegt bei 0″.40.

Das Hauptprogramm umfaßte Sterne mit merklicher Bahnbewegung, die laufend beobachtet wurden, um die größtmögliche Genauigkeit zu erreichen. Hinzu traten Zusatzsterne, von denen häufig nur ein Jahresmittel erlangt wurde. Der Katalog enthält 702 Systeme, darunter 15 dreifache, von denen 8 Doppelbezeichnungen tragen. Die folgenden Angaben unterrichten über Art und Verteilung der Objekte und der Messungen.

Beobachtete Sterne		Verteilung der Jahresmittel			
425	Σ Sterne	von 302	Systemen	je 1	Jahresmittel
148	OΣ ,,	83	,,	2	,,
70	β ,,	69	,,	3	,,
14	Ho ,,	41	,,	4	,,
13	Hu ,,	31	,,	5	,,
11	A ,,	191	,,	6 und mehr	
29	sonstige				

Verteilung in Deklination			Verteilung in Distanz		
> +80°	5	Systeme	< 0″4	58	Systeme
+70° bis +80°	19	,,	0″4 — 1″	240	,,
+60 ,, +70	45	,,	1 — 2	192	,,
+50 ,, +60	63	,,	2 — 3	104	,,
+40 ,, +50	67	,,	3 — 4	62	,,
+30 ,, +40	113	,,	4 — 5	23	,,
+20 ,, +30	123	,,	5 — 6	15	,,
+10 ,, +20	123	,,	6 — 10	18	,,
0 ,, +10	97	,,	10 — 20	3	,,
0 ,, −10	40	,,	20 — 30	1	,,
−10 ,, −20	7	,,	>30	1	,,

Die Beobachtungen erfolgten, bis auf verschwindende Ausnahmen, stets etwa $^1/_2{}^h$ bis 1^h nach dem Meridiandurchgang mit hellen Fäden ohne Reversionsprisma, die Beobachtungen 1945/46 mußten bei Feldbeleuchtung durchgeführt werden. Die Positionswinkel wurden am einfachen Faden gemessen; zur Beurteilung jeder Einstellung wurden durch Druck am Rohr die Komponenten mehrfach über den Faden bewegt. Die Augenstellung war je nach Lage parallel oder senkrecht zum Positionswinkel. Gewöhnlich wurden 5 Einstellungen für eine Messung vorgenommen. Distanzen über 0″6 wurden mit der Schraube gemessen, kleinere Distanzen dagegen direkt geschätzt. Für Distanzen > 2″ wurden meist 3, bei 1″5—2″ meist 2 und bei engeren Systemen eine Doppeldistanz gemessen. Fast ausnahmslos wurden nur Beobachtungen eines Jahres zu Mitteln zusammengezogen; jede Messung erhielt gleiches Gewicht, nur in sehr seltenen Fällen wurde auf Grund der Beobachtungsnotizen eine Distanz ausgeschlossen oder mit Gewicht ½ mitgenommen.

Die Einzelmessungen bis 1939.0 sind in „Veröffentlichungen der Sternwarte München", Bd. 2, Nr. 1 (1939) veröffentlicht worden. Da die gesamte Auflage aber vernichtet wurde, ehe eine allgemeine Versendung ins Ausland erfolgen konnte, sind die Jahresmittel in dem Katalog nochmals zum Abdruck gebracht, wobei einige Fehler berichtigt wurden. Soweit die Distanzmittel dreistellig gegeben sind, stellen sie die Mittel der mit Schraube gemessenen Werte dar; zweistellige Mittel beruhen auf Schätzungen.

Der Vergleich der Anfangsdistanzen mit den ab 1936.18 mit 7-mm- und 5-mm-Okular gefundenen Werten ergab systematische Unterschiede. Bis zur dreifachen Fadendicke (1″3) zeigten auch die mit den stärkeren Vergrößerungen gemessenen Distanzen im Vergleich mit VAN BIESBROECK (Publ. Yerkes VIII, 2) den kontrasttheoretisch zu erwartenden Abstoßungseffekt, während die Schätzungen der helleren Objekte keinen systematischen Fehler erkennen ließen. Eine wesentliche Änderung der Distanzauffassung scheint ab 1936 nicht mehr verbürgt zu sein. Um zu einem homogenen Distanzsystem zu gelangen, sind folgende Korrektionen an die direkten Messungen anzubringen:

5 Zöller	ϱ < 2″	Korrektion	+ 0.″08
	ϱ > 2	,,	0. 00

Datum		ϱ < 0″9	0″9 < ϱ < 1″3	1″3 < ϱ < 2″	ϱ > 2″
10½-Zöller	1934.50—34.577	−0″14	−0″09	0″00	−0″11
	34.6 —34.75	−0.14	−0.09	−0.02	−0.07
	35.1 —36.18	−0.13	−0.08	−0.03	−0.04
	ab 1936.18	−0.10	−0.05	0.00	0.00

Nach Korrektion der jeweiligen Abendwerte der Messungen wurden diese gegebenenfalls mit Schätzungen, die gleiches Gewicht erhielten, zusammengezogen und dann korrigierte Distanzmittel nach Zahl der Abende gebildet. Diese Mittel sind in der Spalte ϱ_{korr} des Kataloges enthalten. Die Korrektionen sind so gut verbürgt, daß den korrigierten Werten unbedingt der Vorzug gebührt.

Eine eingehende Untersuchung der mittleren Fehler einer Messung ist, da die Einzelmessungen nicht gegeben werden, von geringem Interesse. Die Fehler wechseln von Stern zu Stern in bekannter Weise mit Distanz, Größenklassenunterschied der Komponenten, Zenitdistanz und Bildbeschaffenheit. Vor allem spielt die Helligkeit der Sterne eine erhebliche Rolle, da die Meßgenauigkeit schwacher Objekte merklich herabgesetzt ist. Für eine Reihe von Systemen, die in der Periode 1934/38 meist mit 10-mm- und 7-mm-Okular und 1939/44 einheitlich mit 5-mm-Okular beobachtet wurden, erhielt ich folgende aus den Fehlerquadraten nach der Formel

m.F. = $\pm \sqrt{\frac{[vv]}{n-\mu}}$, ($n$ = Zahl der Messungen, μ = Zahl der Jahresmittel)

berechneten Werte der mittleren Fehler einer Messung.

Mittlerer Fehler einer Messung

Mittel der Systeme			1934–1938				1939 bis 1944			
$\bar{\varrho}$	$\bar{m}$	$\overline{\Delta m}$	m.F.(P)	m.F.(ϱ)	n	μ	m.F.(P)	m.F.(ϱ)	n	μ
0″85	6^m6	0^m5	±1°08	±0″062	206	34	±0°76	±0″054	261	35
0.87	8.7	0.5	±1.75	±0.067	176	33	±1.25	±0.065	183	30
2″26	5^m3	0^m5	±0°50	±0″068	192	28	±0°37	±0″055	244	30
2.21	9.2	0.9	±1.02	±0.078	72	14	±0.87	±0.076	88	16

Bei den Positionswinkeln ist die Steigerung der Genauigkeit durch die stärkere Vergrößerung unverkennbar. Die Distanzen zeigen nur bei den hellen Sternen noch eine geringe Verbesserung der mittleren Fehler. Die innere Genauigkeit der Messungen ist jedenfalls sehr befriedigend, solange man sich auf die bei fovealem Sehen genügend hellen Sterne beschränkt. Schon W. STRUVE hatte aus dieser Erfahrung heraus die Einteilung der Sterne in „lucidae" und „reliquae" eingeführt und fand für den Dorpater Refraktor die Grenzgröße beider Klassen bei 8^m0 für die schwächere Komponente, ein Wert, der für den Münchener Refraktor in 8^m4 übergeht und durchaus meiner Erfahrung entspricht. Bis auf wenige Ausnahmen habe ich mich überhaupt auf Systeme beschränkt, bei denen der Begleiter noch heller als 10^m ist, denn unterhalb dieser Helligkeit findet eine weitere erhebliche Verminderung der Genauigkeit statt.

Von entscheidender Bedeutung für den Wert von Mikrometermessungen ist ihre äußere Genauigkeit, die erfahrungsgemäß stets wesentlich geringer ist als ihre innere Übereinstimmung. Absolute Fehler der Messungen lassen sich nur durch den direkten Vergleich mit gleichzeitigen photographischen Präzisionsaufnahmen gewinnen, da deren Fehler als praktisch sehr klein angenommen werden dürfen. Der Vergleich meiner Messungen (R) mit den photographischen Beobachtungen von HERTZSPRUNG [BAN **9**.113 (1940)] am Lick-Refraktor und von STRAND [Astron. J. **52**, Nr. 1 (1946)] am 24-inch-Sproul-Refraktor ergibt folgende mittleren absoluten Fehler meiner Messungen (n = Zahl der gemeinsamen Sterne), denen noch der Vergleich mit P. MULLERS „distances fondamentales" [J. des Obs. **32**, Nr. 10/11 (1949)] beigefügt ist.

Mittlere absolute Abweichungen meiner Messungen

	R–HTZ (1937)			R–STR (1938–1942)			R–MÜLLER	
ϱ	δP	$\delta\varrho$	n	δP	$\delta\varrho$	n	$\delta\varrho$	n
1″– 2″	–0°17	+0″076	7	+0°46	+0″113	1	–0″020	3
2 – 3	–0.02	–0.009	13	+0.16	–0.011	8	–0.065	2
3 – 4	–0.36	–0.037	9	–0.37	–0.030	13	–0.028	4
4 – 6	–0.06	–0.058	11	+0.06	–0.039	17	–0.067	3
6 –10	+0.01	–0.009	6	+0.04	–0.013	10	–	
>10	+0.27	–0.019	2	+0.20	–0.040	3	–	

Die Übereinstimmung der aus den Messungen der verschiedenen Jahre erlangten mittleren Werte ist überraschend gut, doch zeigte sich deutlich, daß die einzelnen Sterne individuell verschiedene, aber konstante Fehler aufwiesen, soweit bei STRAND ein Vergleich mit mehreren Jahresmitteln möglich war. Die herausfallenden Werte $\delta\varrho$ der Distanzklasse 1″—2″ fallen vermutlich nicht völlig meinen Messungen zur Last, sondern liegen teilweise auch an den photographischen Beobachtungen, die in diesem Bereich wohl nicht mehr ganz frei von systematischen Fehlern sind. Jedenfalls zeigt der Vergleich mit MÜLLERs Werten, die auf visuellen Messungen beruhen, keinen wesentlichen Sprung meiner Distanzauffassung an dieser Stelle; allerdings ist die Zahl der Vergleichsobjekte sehr gering.

Zur Prüfung der Abhängigkeit der Fehler δP von P wurden Mittel für je 20° Sektoren in P gebildet, wobei Sterne mit annähernd gleichhellen Komponenten auch im entgegengesetzten Sektor mitgezählt wurden.

Mittlere Abweichung meiner Positionswinkel

P	R−HTZ	n	R−STR	n	P	R−HTZ	n	R−STR	n
0°− 20°	+0°09	5	+0°10	5	180°−200°	+0°38	3	−0°13	6
20 − 40	+0.22	2	+0.35	4	200 −220	+0.03	4	−0.12	7
40 − 60	+0.16	2	+0.18	2	220 −240	−0.17	2	−0.02	3
60 − 80	+0.11	4	−0.06	6	240 −260	+0.17	4	−0.09	4
80 −100	+0.17	3	+0.09	5	260 −280	+0.21	4	−0.02	5
100 −120	−0.02	10	+0.19	10	280 −300	−0.10	8	+0.19	7
120 −140	+0.13	1	−0.01	3	300 −320	−0.30	6	+0.23	6
140 −160	−0.44	8	−0.58	2	320 −340	−0.54	6	−0.94	4
160 −180	−0.27	3	−0.65	1	340 −360	−0.27	3	−0.65	1

Die meisten dieser Werte dürften infolge der geringen Zahl der Objekte jedes Sektors den Charakter zufälliger Reste besitzen. Eine Ausnahme bilden vielleicht die Gegenden 140° bis 180° und 320° bis 360°, wo eine systematische Tendenz vorherrscht, denn von den insgesamt 28 Einzelwerten dieser Sektoren sind nur 8 positiv. Der große Wert von (R-STR) bei 320° bis 340° ist wesentlich durch die starke Abweichung meiner Messung des Sterns β 997 bedingt, die —1°90 beträgt, während sonst keine derartig großen Werte auftreten, wie folgende Auszählung zeigt, die das Gesamtmaterial umfaßt.

δP (R−phot)	n	in %
2°0−1°5	1	0.8
1.5 − 1.0	10	7.7
1.0 − 0.5	31	23.8
< 0.5	88	67.7

Der Hauptteil meiner Messungen umfaßt Objekte, die weit unter der erreichbaren Grenze photographischer Aufnahmen liegen. Zur Übersicht über die systematischen Fehler dieser Messungen kann ein Vergleich mit berechneten Bahnen dienen. Für 126 Systeme meines Katalogs sind mir Bahnelemente bekanntgeworden; die Abweichungen der Messungen sind im Anschluß an den Katalog ausführlich mitgeteilt, wobei stets die Distanzen ϱ_{korr} zugrunde gelegt sind. Alle Vergleichungen sind im Sinne Beobachtung — Rechnung gegeben; die benutzten Elemente sind mit Quellenangabe vermerkt. Jedem System ist noch eine Klassenbezeichnung beigefügt, die für die Verwendung maßgebend war und kurz erläutert werden muß. Die an erster Stelle stehende lateinische Ziffer entspricht den Distanzklassen von Σ nach folgender Skala:

* I	Distanzen	< 0″4	(Sterne nicht getrennt)
I	„	0.4 bis 1″	
II	„	1 „ 2	
III	„	2 „ 4	
IV	„	> 4	

Die dann folgenden Buchstaben l oder r entsprechen den STRUVEschen „lucidae" und „reliquae", je nachdem die schwächere Komponente heller oder schwächer als 8ᵐ4 ist. Dann folgt der auf volle Größenklassen abgerundete Helligkeitsunterschied der Komponenten, während zuletzt die Buchstaben p und d die Verwertung der gegebenen Vergleiche für Positionswinkel oder Distanz anzeigen.

Für den Distanzvergleich wurden, getrennt nach l- und r-Klasse, nur die Systeme mit $\varrho < 2''5$ berücksichtigt. Einige in diese Grenze fallende Sterne mußten ausgeschlossen werden, da die Bahnelemente zu unsicher waren oder der Helligkeitsunterschied der Komponenten zu groß wurde. In der Klasse der lucidae blieben 73 Systeme mit 665 Jahresmitteln zur Verfügung, bei den reliquae wurden 27 Systeme mit 204 Jahresmitteln benutzt. Die große Zahl von Bahnelementen, die in die Vergleiche eingehen, läßt im Mittel ein recht zuverlässiges Bild der systematischen Fehler in Distanz erwarten, obwohl im Einzelfall sowohl seitens der Beobachtung als auch seitens der benutzten Bahn Abweichungen zu erwarten sind.

Mittlere Abweichung der Distanzen von berechneten Bahnen

	lucidae		reliquae		
ϱ_{korr}	$\delta\varrho$	n	$\delta\varrho$	n	r—l
<0″.4	+0″.001	80	+0″.032	17	+0″.031
0″.4—0″.6	0.000	201	0.000	65	0.000
0.6—0.8	−0.022	123	−0.005	29	+0.017
0.8—1.0	−0.027	60	+0.012	35	+0.039
1.0—1.2	+0.005	83	+0.035	26	+0.030
1.2—1.4	−0.014	8	+0.038	27	+0.052
1.4—1.6	+0.028	22	+0.081	11	+0.053
1.6—1.8	+0.018	14	+0.070	4	+0.052
1.8—2.0	−0.021	8			
2.0—2.2	−0.009	37			
2.2—2.5	−0.019	29			

Das Distanzsystem der ϱ_{korr} ist demnach als genähert richtig anzusehen, soweit es sich um Sterne der Klasse lucidae handelt, dagegen sind die Distanzen der Klasse reliquae systematisch etwas zu groß gemessen.

Bei der Untersuchung der Positionswinkel müssen an die Zuverlässigkeit der Bahn erhöhte Anforderungen gestellt werden; ich habe daher alle Bahnen ausgeschlossen, bei denen meine neuesten Messungen um die Epoche 1950 den Verdacht von Abweichungen nahelegten. Bei Beschränkung auf lucidae der Distanzen 0″.4 bis 1″.1 und auf Beobachtungen nach 1936 schienen 30 Bahnen brauchbar. Die Auszählung der Abweichungen erfolgte in 20°-Sektoren; alle in einen Sektor fallenden Jahresmittel jedes Sternes wurden dabei in einen Wert zusammengezogen. Da nur Systeme mit mäßigem Helligkeitsunterschied der Komponenten berücksichtigt wurden, sind alle Messungen auf das Gebiet 0° bis 180° übertragen worden.

Mittlere Abweichung der Positionswinkel von berechneten Bahnen

P	δP	n
0°— 20°	−0°.36	10
20 — 40	+0.68	11
40 — 60	+0.04	10
60 — 80	+0.18	10
80 — 100	−0.71	14
100 — 120	+0.04	13
120 — 140	+0.24	9
140 — 160	−0.07	10
160 — 180	−0.43	7

Ein verbürgbarer systematischer Fehler ist im Mittel offenbar nicht vorhanden, dennoch zeigt ein Blick auf die Einzeldarstellungen, daß ebenso wie bei den Distanzen die Vorzeichenfolgen vorherrschen. Bei den reliquae, deren Zahl zu einer analogen Untersuchung nicht ausreicht, liegen die Verhältnisse ähnlich, wie die Darstellungen zeigen. Systeme, die der Leistungsgrenze des Instrumentes nahe liegen, zeigen gelegentlich größere Fehler, doch ist häufig zu bemerken, daß die nach 1938 mit 5-mm-Okular erhaltenen Beobachtungen meist eine merkliche Verbesserung aufweisen.

Im Katalog sind die mit dem 65-cm-Refraktor in Babelsberg ausgeführten Messungen dadurch kenntlich gemacht, daß bei der Zahl der Beobachtungen ein * beigesetzt ist, soweit das Mittel ausschließlich auf Babelsberger Beobachtungen beruht; andernfalls ist die im Gesamtmittel enthaltene Zahl der Babelsberger Messungen in Klammern gesetzt.

ADS	Stern	α_{1950}	δ_{1950}	m_A	m_B	Sp	1900+	P	ϱ	ϱ_{korr}	n
32	Σ 3056	0h 2.1m	+33° 59′	7.9m	7.9m	K0	35.846	146°.17	0″.811	0″.68	5
							39.976	146.14	0.727	0.64	6
36	Σ 3057	2.3	+58 15	6.6	8.7	B3	39.933	298.22	3.716		5
41	β 997	2.4	+45 24	7.9	8.9	F8	39.908	336.08	3.919		4
48	OΣ 547	2.8	+45 32	9.4	9.4	K2	34.747	151.52	5.272	5.20	2
							35.872	151.90	5.261	5.22	5
							36.935	152.30	5.238		4
							38.876	153.21	5.308		5
							39.843	153.49	5.281		5
							42.165	153.78	5.308		5
61	Σ 3062	3.5	+58 9	6.4	7.5	G5	34.716	55.14	1.058	0.99	4
							35.847	64.46	0.978	0.90	6
							36.949	72.51	0.856	0.76	7
							37.947	80.29	0.785	0.68	7
							38.922	87.28	0.721	0.62	9
							39.934	97.32	0.660	0.57	9
							40.887	109.37	0.670	0.59	11
							41.912	125.79	0.645	0.51	6
							42.945	141.80	0.633	0.52	8
							44.025	155.52	0.703	0.61	5
							45.815	172.22	0.766	0.67	4
							46.850	184.85	0.847	0.75	7
102	Σ 2	6.3	+79 26	6.8	7.1	A3	34.719	74.48	0.28		4
							35.836	72.81	0.29		4
							36.952	66.35	0.29		6
							37.967	62.74	0.28		4
							38.910	54.70	0.28		8
							39.990	53.83	0.29		5
							40.850	54.30	0.30		5
							41.917	54.53	0.30		4
							44.031	51.11	0.31		3
							45.815	48.21	0.34		4
							46.874	45.09	0.36		3
161	OΣ 2	10.8	+26 43	6.6	8.0	F5	37.026	13.58	0.512	0.44	5
							39.014	13.08	0.42		6
							39.990	10.65	0.45		5
207	Σ 13	13.4	+76 40	6.8	7.3	B9	34.723	71.67	0.913	0.80	5
							35.893	70.00	0.861	0.75	5
							36.952	70.45	0.850	0.75	6
							37.968	69.56	0.876	0.78	6
							38.922	68.94	0.790	0.69	6
							39.978	68.94	0.846	0.75	6
							40.896	69.04	0.833	0.73	8
							41.910	68.75	0.914	0.83	5
							44.027	68.16	0.900	0.82	4
							46.843	67.50	0.881	0.79	6.5
221	OΣ 4	14.1	+36 13	8.2	8.9	G0	34.728	219.02	0.44		4
							35.876	217.63	0.46		4
							36.964	217.42	0.47		7
							37.971	218.50	0.50		4
							38.945	215.63	0.45		8
							39.990	216.31	0.46		5
							40.886	214.18	0.46		6
							42.121	213.83	0.49		5
							44.031	211.92	0.49		3
							45.827	209.76	0.50		4
							46.885	208.86	0.51		5
238	Σ 22	14.8	+ 8 36	7.0	8.0	F5	39.957	236.09	4.179		5
252	Σ 24	15.9	+25 52	7.6	8.4	A2	43.026	248.29	5.138		5
285	AC 1	18.3	+32 42	7.5	8.0	F5	37.022	287.17	1.552		6
							39.004	286.39	1.563		7
287	β 1093	18.3	+10 42	6.9	7.8	A0	37.022	96.30	0.618	0.52	6
							38.999	96.42	0.701	0.54	6
							41.917	100.16	0.694	0.56	4
434	OΣ 12	29.0	+54 15	5.5	5.8	B8	34.810	167.26	0.675	0.54	5
							35.897	164.56	0.672	0.54	5
							36.949	166.89	0.651	0.55	7
							37.968	166.99	0.618	0.52	6
							38.936	166.99	0.606	0.54	7
							39.990	167.42	0.663	0.58	5
							40.914	167.89	0.617	0.56	7
							41.910	167.84	0.648	0.56	5
							42.988	168.40	0.645	0.56	7

ADS	Stern	α_{1950}	δ_{1950}	m_A	m_B	Sp	1900+	P	ϱ	ϱ_{korr}	n
434	OΣ 12 (Forts.)						44.025	169°32	0″686	0″59	5
							46.885	169.99	0.724	0.62	5
558	Σ 46	0h 37m3	+21° 10′	5m6	8m3	K0	39.957	193.15	6.489		5
582	Σ 48	39.5	+71 6	7.9	8.1	A0	43.026	333.45	5.403		5
588	OΣ 18	39.8	+ 3 54	7.8	9.9	F8	35.887	165.53	1.400	1.36	5
							36.968	168.19	1.300	1.28	7.6
							37.976	166.76	1.440	1.44	2
							38.941	167.87	1.368	1.36	8
							39.956	168.56	1.367	1.36	7
							40.868	168.88	1.371	1.36	4
							41.918	170.05	1.432	1.43	4
							42.997	170.22	1.324	1.31	4
							44.058	173.59	1.316	1.29	2
							46.885	175.44	1.329	1.31	5
659	Σ 59	45.2	+51 10	7.1	8.0	A0	43.026	145.99	2.208		5
671	Σ 60	46.1	+57 33	3.7	7.3	F8	32.772	273.60	8.547	8.55	5.4
							34.877	276.08	8.850	8.79	3
							35.897	276.38	8.942	8.90	5
							36.966	277.39	9.029		6
							37.928	278.69	9.087		6
							38.959	279.24	9.245		8
							39.988	280.06	9.264		6
							40.929	281.12	9.337		9
							41.917	281.62	9.470		4
							42.980	282.22	9.506		6
							44.041	283.51	9.608		7
							46.900	284.99	9.862		2
673	β 495	46.1	+18 25	8.4	8.4	G8	36.964	208.99	0.838	0.75	7
							38.999	206.92	0.789	0.67	6
683	Σ 61	47.2	+27 26	6.2	6.2	F0	39.037	116.64	4.359		6
684	β 232	47.6	+50 22	8.5	9.0	F5	40.922	201.19	0.44		7
							41.917	203.97	0.44		4
							43.038	202.86	0.45		3
							44.068	209.29	0.46		3
							46.890	209.88	0.52		4
710	Σ 65	49.6	+68 36	7.9	7.9	A2	43.026	37.31	3.109		5
746	OΣ 20	51.9	+18 55	6.1	7.2	A0	34.717	282.90	0.55	0.55	4
							35.939	277.49	0.683	0.61	5
							36.979	276.25	0.649	0.55	9
							37.974	274.89	0.651	0.56	6
							38.952	272.37	0.589	0.52	10
							39.969	271.07	0.616	0.52	8
							40.916	270.38	0.605	0.52	10
							41.910	269.48	0.52		5
							42.997	268.69	0.52		6
							44.047	267.52	0.49		5
							46.885	261.92	0.48		5
755	Σ 73	52.3	+23 22	6.1	6.7	K0	34.723	97.53	0.764	0.62	5
							35.850	100.34	0.662	0.53	6
							36.977	105.86	0.635	0.54	11
							37.966	111.36	0.668	0.57	8
							38.944	115.39	0.625	0.55	11
							39.969	118.16	0.679	0.59	8
							40.916	121.88	0.682	0.60	10
							41.910	125.09	0.702	0.61	5
							42.997	128.37	0.734	0.64	6
							44.052	132.16	0.736	0.63	6
							46.885	142.25	0.777	0.68	5
805	β 302	55.6	+21 8	6.7	8.1	A0	37.018	121.47	0.691	0.59	6
							39.003	123.38	0.737	0.64	7
							41.919	125.38	0.56	0.56	3
829	Mä 1	57.7	+47 3	8.1	8.6	A2	37.028	19.53	1.002	0.94	7
							38.991	20.27	1.005	0.96	6
							41.919	19.44	1.026	0.98	3
862	OΣ 21	1 0.1	+47 7	6.6	7.9	F0	37.025	171.83	0.546	0.44	7
							39.016	173.37	0.47		5
							41.918	170.25	0.46		3
923	Σ 91	4.6	− 2 0	7.4	8.2	F5	39.039	316.98	4.156		6.5
940	OΣ 515	6.6	+46 59	4.5	6.1	B8	37.149	173.88	0.42		7
							39.016	174.19	0.41		5
							40.036	169.40	0.40		5
							40.934	169.90	0.39		7
							41.918	167.66	0.40		3

ADS	Stern	α_{1950}	δ_{1950}	m_A	m_B	Sp	1900+	P	ϱ	ϱ_{korr}	n
940	OΣ 515 (Forts.)						43.040	168°.22	0″.40		3
							44.058	167.74	0.39		2
							46.888	163.98	0.39		3
963	β 235	1^{h} $7^{m}.6$	+50° 45′	$7^{m}.4$	$7^{m}.8$	F5	37.026	108.94	1.025	0″.96	5
							39.001	109.26	1.082	1.03	6
1030	OΣ 28	14.3	+80 36	7.4	8.9	F0	37.040	298.26	0.894	0.81	4
							38.998	299.22	1.081	1.03	6
1081	Σ 113	17.2	− 0 46	6.4	7.4	F5	33.011	0.26	1.39	1.47	2
							35.982	3.42	1.671	1.64	4
							36.989	3.57	1.597	1.60	5
							38.991	4.29	1.627		6
							43.028	5.42	1.497		5
							46.906	5.06	1.514		1
1105	Σ 115	20.1	+57 53	7.1	7.3	F8	43.074	144.72	0.972	0.92	3
1254	Σ 138	33.4	+ 7 23	7.7	7.7	F8	33.014	44.42	1.64	1.72	1
							35.982	46.12	1.696	1.67	4
							36.989	46.76	1.653	1.65	5
							39.013	46.24	1.636		6
							41.004	46.15	1.557		4
							46.906	48.62	1.563		1
1359	β 870	41.0	+57 17	6.4	7.8	A2	37.040	31.20	1.256	1.22	4
							39.041	28.23	1.168	1.12	8
							43.051	26.68	1.188	1.15	4
1360	β 509	41.1	+ 9 19	9.5	9.8	K0	41.062	221.50	0.974	0.91	4
1438	Σ 162	46.2	+47 39	6.5	7.0	A2	43.069	207.18	2.034		4
1457	Σ 174	47.4	+22 2	6.2	7.4	F5: A2	39.049	165.57	2.801		6
1487	Σ 178	49.4	+10 34	8.4	8.4	F0	43.069	201.16	3.188		4
1500	Σ 179	50.2	+37 5	7.4	8.4	F5	43.069	159.14	3.508		4
1504	Σ 170	50.6	+75 59	7.4	8.2	A5	43.069	243.65	3.201		4
1507	Σ 180	50.8	+19 3	4.8	4.8	A0	37.676	0.02	8.147		6
							46.906	0.36	7.863		1
1522	Σ 183 AB	52.3	+28 33	8.0	8.7	F2	37.170	334.59	0.38		6
							39.049	334.21	0.37		7
							40.036	332.12	0.36		5
	MC				8.7		36.930	163.58	5.574		2
							40.036	163.14	5.596		5
1531	Σ 182	52.9	+61 2	8.1	8.1	A0	43.069	120.30	3.574		4
1538	Σ 186	53.3	+ 1 36	6.9	6.9	G0	27.932	42.52	1.427	1.33	1
							33.011	44.40	1.281	1.36	2
							35.982	46.00	1.352	1.32	4
							36.980	46.37	1.408	1.41	4
							38.003	46.09	1.420	1.42	5
							39.000	46.75	1.491		7
							40.052	46.84	1.501		5
							40.996	46.96	1.454		5
							42.123	47.01	1.481		3
							43.067	47.94	1.465		6
							44.070	47.75	1.501		4
							46.890	48.43	1.447		4
1588	Σ 185	57.3	+75 16	6.9	8.4	A0	39.076	18.71	1.378	1.36	7
1598	β 513	57.8	+70 40	4.7	7.2	A3	27.932	230.30	1.092	0.99	1
							34.826	247.29	1.002	0.93	4
							35.962	247.01	0.986	0.91	6
							36.998	251.42	0.996	0.93	6
							38.003	253.48	1.017	0.97	5
							38.954	256.60	0.963	0.91	9
							40.026	259.97	0.972	0.92	6
							40.950	262.63	0.912	0.85	6
							41.968	266.14	0.928	0.87	4
							43.040	269.44	0.904	0.83	6
							44.070	273.82	0.897	0.82	4
							46.890	284.97	0.820	0.72	4
1615	Σ 202	59.4	+ 2 31	4.3	5.2	A2	32.946	307.95	2.525	2.52	5
							36.011	305.70	2.395	2.36	4
							36.988	305.66	2.222		4
							37.978	305.02	2.248		4
							38.988	304.14	2.246		8
							40.052	303.91	2.214		5
							40.996	303.74	2.212		5
							42.123	303.20	2.114		3
							43.067	303.31	2.265		6
							44.070	302.75	2.259		4
							46.890	300.59	2.147		4

ADS	Stern	α_{1950}	δ_{1950}	m_A	m_B	Sp	1900+	P	ϱ	ϱ_{korr}	n
1630	OΣ 38	$2^h\,0^m\!.8$	+42° 6′	$5^m\!.5$	$6^m\!.4$	A0	34.885	103°.02	0″.661	0″.51	5
							36.001	100.26	0.537	0.48	5
							37.004	102.54	0.546	0.46	4
							37.980	101.98	0.490	0.41	4
							39.002	101.37	0.42		8
							40.046	99.97	0.40		6
							41.041	99.19	0.38		8
							42.123	99.73	0.36		3
							43.064	98.00	0.31		5
							44.075	93.82	0.28		2
							46.890	92.8	0.25		1
	Σ 205			2.3	5.1	K0; A0	36.011	63.31	9.853	9.81	5
							41.087	63.31	9.902		6
1631	Σ 208	0.8	+25 42	5.8	8.0	F5	37.035	211.43	0.693	0.60	7
							38.012	213.98	0.701	0.61	6
							39.021	217.46	0.653	0.57	9
							40.052	220.18	0.722	0.63	5
							41.011	220.86	0.729	0.64	7
							42.123	222.04	0.802	0.73	3
							43.064	223.90	0.742	0.65	5
							44.075	224.92	0.59	0.59	2
							46.884	230.45	0.63	0.63	3
1697	Σ 227	9.5	+30 4	5.5	6.9	G0	39.049	72.36	3.706		6
1709	Σ 228	10.8	+47 15	6.4	7.3	F0	34.885	164.46	0.53		5
							36.001	165.68	0.52		4
							36.993	175.22	0.45		6
							38.004	181.00	0.44		5
							39.001	185.76	0.43		8
							40.046	190.39	0.44		6
							41.031	194.81	0.46		6
							42.123	199.72	0.48		3
							43.064	203.58	0.48		5
							44.075	209.91	0.49		2
							46.884	219.17	0.53		3
1833	Σ 257	21.9	+61 20	7.6	8.1	B8	37.093	311.55	0.26		2
							38.116	314.21	0.22		3
							39.100	324.58	0.26		5
1860	Σ 262 AB	24.9	+67 11	4.7	7.6	A5	36.093	245.69	2.366	2.33	5
							39.007	244.73	2.332		7
							41.061	242.82	2.338		5
							42.942	240.82	2.371		7
							44.075	240.00	2.443		2
	AC				8.6		36.093	112.03	7.306	7.27	5
							39.040	113.52	7.352		6
							41.061	113.61	7.297		5
1878	Σ 268	25.9	+55 19	6.8	8.1	A2	43.081	128.47	2.834		6
1985	Σ 278	34.4	+69 5	8.6	8.9	A2	36.131	45.94	0.58		3
							38.122	47.70	0.55		4
							39.058	45.07	0.51		10
							40.058	43.64	0.52		4
							41.620	43.38	0.50		2
							43.130	40.90	0.48		4
2004	Σ 285	35.9	+33 12	7.5	8.2	K0	35.148	167.72	1.830	1.80	4
							39.076	167.05	1.715		7
2034	OΣ 43	37.8	+26 25	8.3	9.9	F5	35.148	27.78	1.104	1.01	4
							36.022	29.60	1.222	1.14	5
							37.021	29.90	1.234	1.20	3
							38.122	29.68	1.222	1.17	4
							39.059	28.31	1.197	1.15	9
							40.056	27.94	1.176	1.14	4
							41.096	27.84	1.146	1.10	4
2042	Σ 291	38.3	+18 35	7.5	7.8	B9	43.055	117.64	3.397		6
2046	Σ 295	38.6	− 0 54	5.8	9.0	F5	39.069	313.79	4.098		6
							40.468	312.85	4.115		5
							43.117	311.83	4.170		6
2080	Σ 299	40.7	+ 3 2	3.6	7.4	A2	32.946	294.00	2.894		5.4
							38.088	294.32	2.866		4
							39.072	293.39	2.810		6
2091	Σ 300	41.6	+29 15	7.7	7.9	F0	43.055	308.52	3.131		6
2122	Σ 305	44.6	+19 10	7.3	8.2	G0	35.531	312.90	3.371	3.34	5
							39.024	312.57	3.446		7
2185	Σ 314	49.3	+52 48	7.1	7.3	B9	43.062	307.68	1.600		6

ADS	Stern	α_{1950}	δ_{1950}	m_A	m_B	Sp	1900+	P	ϱ	ϱkorr	n
2200	β 524	2^h50^m6	+38° 8′	5^m6	6^m7	Fo	39.103	351°7	0″2		3
2253	β 525	56.0	+21 25	7.4	7.4	A3	37.014	218.18	0.32		2
							38.122	218.72	0.26		4
							39.081	219.70	0.28		8
							40.052	221.16	0.27		5
							43.146	223.04	0.30		3
2257	Σ 333	56.4	+21 8	5.2	5.5	A2	33.117	203.72	1.488	1″57	5
							35.148	204.50	1.654	1.62	4
							36.054	205.60	1.587	1.56	4
							37.883	204.84	1.560		5
							39.041	204.26	1.478		8
							42.123	205.64	1.471		3
							43.196	205.34	1.464		8
2336	Σ 346	3 2.5	+25 4	6.1	6.1	B8	39.105	rund			1
2375	β 1030	7.2	+21 33	8.5	8.5	Fo	37.093	133.54	0.732	0.62	2
							38.127	130.73	0.707	0.62	5
							39.076	130.81	0.695	0.60	8
2377	OΣ 50	7.6	+71 22	8.4	8.4	F8	37.116	188.79	1.486		2
							38.128	188.16	1.441		5
							39.089	186.81	1.395		7
							41.695	186.04	1.365		5
2390	Σ 360	9.0	+37 2	8.1	8.3	Go	35.148	132.20	2.321	2.28	4
							39.094	130.45	2.243		6
2416	Σ 367	11.5	+ 0 33	8.8	8.8	F8	37.047	173.56	0.813	0.73	4
							38.133	169.18	0.819	0.72	7
							39.077	167.93	0.853	0.77	8
							40.084	168.10	0.873	0.75	4
							41.096	166.34	0.816	0.72	4
							42.110	166.46	0.887	0.79	2
							43.277	165.86	0.846	0.75	7
2436	OΣ 52	13.1	+65 29	6.8	7.4	A2	37.119	94.72	0.50		3
							38.134	93.23	0.48		7
							39.092	95.61	0.45		8
							40.084	95.73	0.43		4
							41.096	94.20	0.46		4
							43.127	90.02	0.43		8
2443	Σ 369	13.9	+40 18	6.7	8.0	Ao	43.071	28.28	3.569		6
2446	OΣ 53	14.5	+38 27	7.7	8.5	Go	39.116	302.63	0.46		6
							40.085	298.85	0.48		6
							41.096	296.06	0.47		4
							42.123	294.95	0.49		3
							43.209	292.47	0.48		10
2491	Σ 380	19.0	+ 8 35	8.7	9.7	Go	39.116	44.08	1.144	1.09	6
							40.084	45.19	1.200	1.15	4
							41.096	45.54	1.108	1.06	4
							43.143	45.96	1.204	1.15	5
2563	Σ 389	26.1	+59 12	6.4	7.4	Ao	43.071	66.61	2.721		6
2612	Σ 400	30.9	+59 52	6.8	7.8	F5	37.119	82.76	0.45		3
							38.134	87.76	0.38		7
							39.084	101.2	0.34		5
							40.097	106 ±	lgl ?		1
							41.123	rund ?			1
							43.136	135 ±	lgl ?		1
2616	Σ 412	31.5	+24 18	6.6	6.7	A2	35.170	52.29	0.29		5
							36.185	51.64	0.33		3
							37.098	45.47	0.35		5
							38.126	42.32	0.32		9
							39.058	38.62	0.33		10
							40.075	38.38	0.34		5
							41.096	36.56	0.34		4
							42.123	34.84	0.34		3
							43.185	33.48	0.34		11
2628	β 533	32.5	+31 31	7.6	7.6	Fo	35.165	43.16	0.992	0.91	6
							36.889	45.05	1.077	1.02	5
							39.083	44.89	1.009	0.95	7
2668	Σ 425	37.0	+33 57	7.6	7.6	F5	35.165	85.54	2.277	2.24	6
							36.786	84.68	2.258	2.24	3
							39.083	83.62	2.112		7
2788	Hu 1067	46.3	+38 50	9.4	9.7	—	43.140	72.62	1.436		4
2799	OΣ 65	47.3	+25 26	6.0	6.3	A3	36.965	rund			2
2850	Σ 470	51.8	− 3 6	5.0	6.3	A2; G5	33.117	347.37	6.699		5
							38.088	347.52	6.856		4
2867	OΣ 67	52.9	+ 60 58	5.3	8.5	Ko; Ao	39.648	43.62	1.756		6

ADS	Stern	α_{1950}	δ_{1950}	m_A	m_B	Sp	1900+	P	ϱ	ϱ_{korr}	n
2924	Bird 1	3^h57^m6	+62° 22′	8^m3	9^m3	B8	39.648	222°27	1″887		6
2959	Σ 483	4 0.7	+39 23	7.4	8.9	G5	35.165	172.43	1.010	0″95	6
							36.132	161.79	0.868	0.80	6
							37.140	162.37	0.861	0.80	4
							38.121	158.64	0.898	0.82	8
							39.079	157.19	0.877	0.79	8
							40.114	155.51	0.915	0.84	7
							41.125	153.99	0.888	0.81	5
							42.123	153.08	0.881	0.80	3
							43.120	150.46	0.862	0.77	10
2963	Σ 460	1.4	+80 34	5.6	6.5	F8; A2	36.292	74.33	0.890	0.80	6
							38.119	76.65	0.920	0.84	7
							39.101	76.71	0.839	0.75	7
							40.125	77.49	0.894	0.81	5
							41.125	78.50	0.906	0.84	5
							42.123	79.14	0.931	0.88	3
							43.111	79.24	0.903	0.82	8
2990	OΣ 71	3.8	+33 19	6.8	8.8	B3	43.158	215.32	0.937	0.87	6
2995	OΣ 531	4.2	+37 57	7.3	9.0	G5	35.166	94.33	1.247	1.07	5
							36.186	91.91	1.152	1.08	4
							37.140	88.27	1.104	1.07	4
							38.121	85.27	1.049	1.00	8
							39.077	83.02	0.985	0.93	9
							40.110	82.23	1.024	0.97	6
							41.128	81.56	1.080	1.03	6
							42.123	79.04	1.047	1.00	3
							43.120	78.06	0.984	0.93	10
3015	Σ 3114	5.8	+40 2	7.6	10.1	F8	39.162	165.01	2.574		3
							41.134	165.62	2.663		3
3053	OΣ 74	9.6	+ 9 31	8.3	8.8	F0	38.134	284.27	0.722	0.61	7
							39.105	284.03	0.59		7
							43.154	280.72	0.53		6
3072	β 547	11.2	+ 9 8	5.1	7.6	G5	43.153	350.94	1.115	1.06	6
3082	OΣ 77	12.8	+31 34	8.1	8.1	F8	35.182	240.14	0.794	0.65	5
							36.186	246.73	0.735	0.63	4
							37.140	245.85	0.757	0.66	4
							38.124	247.72	0.740	0.64	9
							39.085	247.20	0.726	0.64	8
							40.140	247.42	0.789	0.68	6
							41.128	248.75	0.732	0.64	6
							42.123	249.13	0.762	0.66	3
							43.120	250.15	0.799	0.69	10
3089	OΣ 78	12.9	+29 55	7.6	9.6	G0	40.148	243.07	2.242		6
3093	Σ 518 BC	13.2	− 7 41	10.0	11.3	A	36.027	360.85	5.055		2
							38.154	359.33	5.352		2
							42.120	357.36	5.586		2
							43.144	354.74	6.180		3
3098	Σ 511	13.7	+58 40	7.4	7.9	A0	38.134	175.08	0.38		7
							39.105	173.26	0.37		7
							40.066	167.47	0.36		2
							43.141	164.54	0.36		5
3102	Ho 328	14.1	+19 33	8.4	8.4	F5	38.135	359.87	0.51		5
							39.105	358.63	0.48		7
							42.110	359.68	0.45		2
							43.141	359.81	0.46		5
3105	OΣ 75	14.3	+60 22	8.0	8.4	B9	39.162	171.49	0.54		3
							42.132	173.57	0.50		2
							43.153	172.11	0.49		5
3114	Σ 520	15.3	+22 41	8.2	8.2	F5	35.182	123.65	0.744	0.62	5
							36.186	123.92	0.698	0.59	4
							37.140	126.73	0.713	0.60	4
							38.137	126.37	0.656	0.57	6
							39.113	127.10	0.682	0.56	7
							43.154	129.84	0.48	0.48	6
3135	OΣ 79	17.0	+16 24	7.0	8.9	G0	36.186	17.94	0.803	0.70	4
							37.134	21.76	0.751	0.64	2
							38.137	23.62	0.693	0.65	6
							39.106	24.99	0.757	0.63	6
							40.151	26.72	0.738	0.62	4
							41.136	28.93	0.776	0.65	4
							42.123	29.32	0.881	0.80	3
							43.127	29.95	0.769	0.66	7
3169	OΣ 82	19.9	+14 56	7.2	9.2	G0	35.182	38.57	1.100	1.04	5

ADS	Stern	α_{1950}	δ_{1950}	m_A	m_B	Sp	1900+	P	ϱ	ϱ_{korr}	n
3169	OΣ 82 (Forts.)						36.133	$38^\circ09$	1″050	0″99	6.5
							37.134	36.70	1.117	1.05	2
							38.137	35.36	1.119	1.07	6
							39.088	34.71	1.152	1.10	7
							40.151	33.17	1.182	1.13	4
							41.132	32.87	1.214	1.16	5
							42.123	32.45	1.228	1.18	3
							43.121	30.19	1.234	1.20	9
3172	OΣ 80	4^h20^m1	$+42^\circ19'$	6^m5	7^m0	B9	43.157	171.69	0.46		6
3174	Σ 535	20.5	+11 16	7.1	8.6	A2	38.169	312.93	1.529		5
							39.089	311.64	1.469		7
							41.132	312.64	1.422		5
3188	OΣ 81	21.4	+33 51	5.9	8.7	F5	39.162	32.61	4.409		3
							41.127	32.60	4.373		3
3207	Σ 531	22.7	+55 32	7.6	8.8	F0	43.157	310.98	1.069	1.02	6
3248	Hu 1080	26.1	+16 3	6.9	7.9	F8	43.157	258.61	0.42		6
3264	Σ 554	27.3	+15 32	5.8	8.3	F0	37.134	25.54	1.376		2
							38.135	25.89	1.411		5
							39.093	25.98	1.422		8
							40.151	25.40	1.501		4
							42.154	25.82	1.505		5
3297	Σ 559	30.6	+17 55	7.1	7.2	B8	43.138	277.22	3.111		5
3315	Hu 1084	32.3	+39 38	8.6	9.0	F5	43.157	207.14	0.37		6
3325	OΣ 85	33.4	+48 18	7.9	10.4	B5	43.158	21.94	1.376		6
3329	OΣ 86	33.6	+19 40	8.2	8.2	A2	35.182	42.98	0.49		5
							38.139	43.61	0.50		6
							39.112	39.96	0.49		6
							43.154	39.55	0.48		6
3330	Σ 567	33.8	+19 24	8.9	9.4	G0	38.169	327.56	2.035		5
							39.097	326.95	2.001		7
3353	Σ 572	35.4	+26 51	7.2	7.2	F0	33.117	197.21	3.850		5
							38.088	197.62	3.950		4
							43.138	196.43	3.967		5
3358	Σ 566	36.0	+53 23	5.6	7.6	F0	38.173	267.97	1.345	1.33	4
							39.112	266.61	1.323	1.30	6
							43.138	264.06	1.287	1.26	7
3390	Σ 577	38.8	+37 25	8.6	8.6	F8	39.138	228.04	1.289	1.26	7
							43.148	225.68	1.330	1.32	6
3391	A 1013	39.0	+59 26	7.3	7.3	A3	43.158	332.34	0.38		6
3417	Σ 589	42.2	+ 5 12	8.9	8.9	G5	39.162	289.70	4.490		3
							41.135	289.46	4.406		3
3475	β 883	48.4	+10 59	7.7	7.7	F5	43.148	7.2	0.2		2
3483	β 552	49.0	+13 34	6.8	9.8	F5	38.162	286.88	0.953	0.89	5
							39.087	290.00	0.977	0.91	7
							41.132	291.36	1.023	0.97	5
							42.172	290.46	1.056	1.01	5
							43.146	293.74	1.005	0.95	7
3526	OΣ 88	52.7	+61 41	7.1	8.8	G0	43.160	311.32	0.863	0.78	7
3542	OΣ 91	53.6	+ 3 6	8.5	9.0	B9	43.152	233.51	0.60		5
3568	Σ 622	55.5	+ 1 36	9.0	9.0	F5	43.148	166.51	2.702		5
3589	OΣ 92	56.9	+39 19	6.0	9.7	F5	39.093	263.84	3.292		6
3593	Σ 619	57.5	+50 11	9.6	9.6	G	39.162	131.87	4.230		3
							41.141	133.58	4.325		3
3596	OΣ 93	57.8	+ 5 2	8.2	9.7	G5	43.148	257.96	0.38		2
—	OΣ 89	58.3	+74 0	6.3	7.7	A2	43.148	291.75	0.41		5
3614	Hu 445	58.8	+20 46	8.6	8.9	G0	39.143	167.86	0.30		5
							42.154	184.90	0.34		2
							43.147	192.35	0.29		3
3672	OΣ 95	5 2.6	+19 44	6.9	7.5	A2	35.182	315.51	0.941	0.85	5
							37.180	316.47	0.918	0.86	4
							38.143	315.54	0.963	0.91	8
							39.112	315.71	0.931	0.87	7
							41.147	315.04	0.968	0.92	6
3689	Σ 635	3.8	+54 55	8.6	8.6	B9	43.176	297.82	0.970	0.92	6
3711	OΣ 98	5.2	+ 8 26	5.9	6.5	F0	35.182	116.00	1.090	1.01	5
							36.164	113.39	0.964	0.90	6
							37.230	111.59	0.977	0.93	4
							38.143	109.78	1.022	0.97	8
							39.117	107.77	0.965	0.91	10
							40.158	105.89	1.000	0.95	9
							41.153	104.77	1.021	0.97	7
							42.180	103.16	1.022	0.97	6
							43.142	100.54	0.963	0.91	8

ADS	Stern	a_{1950}	δ_{1950}	m_A	m_B	Sp	1900+	P	ϱ	ϱ_{korr}	n
3734	Σ 644	$5^h\ 6^m9$	$+37°\ 14'$	6^m8	7^m1	B2	43.142	220°53	1″656		5
3764	Σ 652	9.2	+ 0 59	6.3	7.8	F5	43.142	181.24	1.627		5
3780	Hu 821	10.1	+51 23	8.2	10.2	F8	43.158	235.73	0.874	0″79	5
3799	OΣ 517	10.9	+ 1 55	6.9	7.1	A2; G	38.185	8.43	0.30		4
							39.086	rund			2
3853	Σ 666	13.8	+33 17	8.4	8.4	A3	43.142	73.62	3.101		5
3854	Σ 670	13.8	+18 23	8.0	8.5	B3	43.142	164.45	2.558		5
3870	Σ 657	14.8	+52 47	8.7	9.2	F5	43.176	290.97	1.150	1.10	6
3936	OΣ 105	18.8	+12 38	8.6	8.6	A3	43.162	319.5?	0.3?		3
3955	Σ 676	19.9	+64 41	8.0	9.0	F8	43.176	267.41	1.190	1.15	6
3956	Σ 677	20.0	+63 21	7.9	8.2	Go	36.170	217.92	1.104	1.05	5
							38.186	215.56	1.157	1.11	5
							39.133	212.29	1.012	0.96	6
							40.183	210.47	1.108	1.06	6
							41.147	209.72	1.088	1.04	6
							42.187	210.63	1.114	1.06	5
							43.141	208.20	1.115	1.07	8
3981	Σ 694	21.0	+24 55	9.0	9.0	A2	43.179	9.29	1.412	1.40	6
3991	Wnc 2	21.3	− 0 55	6.5	7.3	F5	43.164	161.23	2.526		6
	A 847			8.0	8.1	—	43.160	150±	lgl		1
4002	Da 5	22.0	− 2 26	3.8	4.8	B1	33.151	81.43	1.599	1.68	5
							37.674	80.47	1.484		4
							39.175	80.66	1.401		6
4032	Ho 226	23.9	+27 34	8.5	8.5	F8	35.182	238.09	0.873	0.75	5
							43.164	247.28	0.887	0.80	6
4068	Σ 716	26.2	+25 7	5.9	6.7	Ao	39.188	203.91	4.830		5
4072	Hu 217	26.4	+35 20	7.0	8.5	B5	43.167	250.32	0.62		5
4078	Da 6	26.5	− 3 20	6.8	7.1	B9	38.191	110.06	0.41		5
							39.122	110.71	0.36		7
							41.182	115.39	0.36		5
							42.169	116.96	0.36		3
							43.142	117.25	0.33		6
4083	Σ 715	26.7	+41 15	8.1	8.8	Ao	43.179	201.19	1.003	0.95	6
4115	Σ 728	28.1	+ 5 55	4.6	6.1	B3	38.191	60.37	0.565	0.50	5
							39.122	59.65	0.53		7
							40.187	59.36	0.50		5
							41.170	58.07	0.52		8
							42.169	59.47	0.52		3
							43.145	58.00	0.629	0.54	7
4123	Σ 729	28.6	+ 3 15	5.8	7.1	B3	43.143	28.62	1.908		5
4179	Σ 738	32.4	+ 9 54	3.7	5.6	Oe5	33.151	43.18	4.381		5
							38.120	44.42	4.314		4
							39.188	44.48	4.333		5
4200	Σ 742	33.4	+21 58	7.2	7.8	F8	43.147	265.38	3.764		5
4204	Σ 736	33.6	+41 48	7.4	8.7	F8	43.179	353.63	2.444		6
4208	Σ 749	34.0	+26 54	6.4	6.5	B8	35.182	340.09	1.070	0.99	5
							36.165	340.37	1.055	1.00	6
							37.230	339.44	1.054	1.00	4
							38.152	338.60	1.106	1.06	8
							39.131	338.18	1.060	1.01	7
							40.172	338.03	1.073	1.02	8
							41.168	337.80	1.066	1.02	8
							42.207	338.55	1.107	1.06	4
							43.142	337.51	1.078	1.03	6
4243	OΣ 112	36.5	+37 56	7.8	8.5	B9	35.216	58.38	0.844	0.73	3
							36.181	62.11	0.794	0.69	4
							37.230	60.23	0.723	0.62	4
							38.158	60.95	0.780	0.68	6
							39.129	58.98	0.824	0.73	5
							41.176	57.71	0.828	0.72	7
							43.158	59.13	0.798	0.70	6
4249	Hu 825	36.7	+35 59	8.4	8.6	Ao	43.165	345.59	0.38		6
4263	Σ 774	38.2	− 1 58	2.0	4.2	Bo	33.151	158.72	2.682		5
							37.455	157.79	2.493		4
							39.188	158.69	2.465		6
4323	OΣ 115	41.7	+15 3	7.6	8.4	Go	43.157	119.22	0.58		6
4349	Σ 787	43.0	+21 18	8.4	8.8	F2	43.158	65.86	1.049	1.00	6
4371	β 560	44.2	+29 39	8.0	8.0	F8	36.163	144.71	1.255	1.20	6
							37.231	144.42	1.308	1.30	4
							39.148	142.52	1.196	1.15	6
							41.176	141.32	1.234	1.19	7
							42.210	142.37	1.271	1.24	3
4376	Σ 3115	44.4	+62 48	6.5	7.6	A2	43.179	4.86	1.069	1.02	6

ADS	Stern	α_{1950}	δ_{1950}	m_A	m_B	Sp	1900+	P	ϱ	ϱ_{korr}	n
4388	OΣ 119	$5^h45^m.2$	+ 7° 57′	$7^m.9$	$8^m.7$	F8	38.172	329°.10	0″.742	0″.64	6
							39.182	329.72	0.755	0.66	5
							42.212	330.79	0.769	0.64	2
							43.157	333.10	0.751	0.65	6
4390	Σ 795	45.3	+ 6 26	6.0	6.0	A3	43.170	210.66	1.403		6
4392	OΣ 118	45.4	+20 51	6.2	7.7	B9	43.157	318.40	0.54		6
4405	Σ 780	46.0	+65 44	7.0	8.2	F8	43.180	104.62	3.798		6
4421	Σ 796	46.7	+31 46	7.1	8.2	A3	43.180	62.17	3.736		6
4441	Kü 23	48.0	+14 26	6.8	8.8	B9	43.157	105.04	0.962	0.90	6
4452	Σ 799	48.8	+38 33	7.2	8.3	B8	43.214	173.27	1.001	0.94	6
4491	OΣ 123	51.4	+10 14	7.2	8.9	G5	43.214	182.90	2.155		6
4566	OΣ 545	56.3	+37 13	2.7	7.2	A0	35.216	322.70	2.978	2.94	3
							36.188	324.49	2.939	2.93	5
							37.238	324.19	2.996		3
							38.162	323.75	2.956		7
							39.166	324.18	2.948		6
							41.176	322.26	2.972		7
							42.208	322.82	3.034		3
							43.163	322.64	3.066		7
4577	OΣ 125	56.7	+22 28	7.6	9.1	A0	43.199	359.24	1.500		6
4603	OΣ 121	58.8	+74 0	7.6	8.8	F8	38.185	328.7	0.28		4
							39.160	331.5	0.30		2.1
							43.154	318.8	0.31		5.4
4687	Σ 840 BC	6 3.7	+10 45	9.0	9.7	—	43.165	158.54	0.60		6
4728	Σ 848	5.7	+13 59	7.9	8.6	B2	43.198	109.54	2.538		6
4768	β 1058	7.5	+23 1	7.3	7.6	B9	38.161	260.40	0.29		8
							39.196	257.38	0.30		6
							42.212	257.76	0.29		2
							43.144	257.77	0.28		5
4789	Σ 867	8.7	+17 23	7.2	8.7	A0	43.198	155.32	2.235		6
4841	β 1008	11.9	+22 31	3.0	8.8	Ma	38.140	272.04	1.317	1.30	8
							39.191	271.58	1.320	1.30	8
							41.188	270.98	1.344	1.33	7
							42.231	271.59	1.372	1.37	5
4929	β 895	16.8	+28 27	8.0	8.0	A3	38.191	139.33	0.26		5
							39.206	141.49	0.27		5
							42.208	145.48	0.29		3
							43.169	144.80	0.27		5
	Σ 888			7.3	9.2		38.200	255.71	2.885		6
							39.206	255.99	2.889		5
							42.208	256.46	2.916		3
4950	Σ 881	17.6	+59 24	6.3	7.8	A2	41.190	116.08	0.842	0.75	8
							43.176	118.74	0.842	0.75	6
4991	Σ 899	19.9	+17 36	7.1	8.1	A0	43.199	19.81	2.346		6
5062	OΣ 140	23.8	+15 33	6.8	9.3	B9	43.214	117.54	2.869		6
5121	OΣ 141	27.1	+17 56	7.5	9.6	A0	43.214	141.11	2.212		6
5191	Σ 928	31.2	+38 35	7.6	8.2	F5	43.199	131.77	3.424		6
5197	Σ 932	31.5	+14 48	8.1	8.2	F5	36.157	321.93	2.032	2.02	6
							37.232	320.25	1.993		3
							39.187	318.94	1.982		6
							41.184	319.59	1.939		9
							42.208	320.73	1.972		3
5234	OΣ 149	33.3	+27 20	7.0	9.5	G0	38.184	49.58	0.673	0.58	10
							39.194	48.28	0.57		6
							40.200	45.34	0.56		6
							41.194	43.38	0.55		8
							42.234	42.08	0.55		6
							43.150	39.07	0.51		8
5269	Σ 941	35.2	+41 38	7.0	8.0	B9	43.199	80.91	1.914		6
5289	OΣ 152	36.4	+28 19	6.0	7.8	B8	43.203	34.34	0.931	0.86	6
5290	HΣ	36.4	+ 9 42	8.6	8.6	B5	43.214	97.52	0.842	0.74	6
5296	Σ 945	36.8	+41 1	7.2	8.2	F2	36.012	278.55	0.705	0.63	6
							37.245	281.32	0.707	0.59	2
							38.186	282.20	0.645	0.55	8
							39.194	279.57	0.653	0.57	6
							40.205	280.96	0.695	0.61	5
							41.194	282.22	0.675	0.59	8
							42.221	284.84	0.732	0.60	4
							43.150	286.21	0.676	0.54	6
5322	Σ 950	38.2	+ 9 57	4.8	7.6	Oe5	43.214	213.16	2.800		6
5325	Δ 11	38.3	+ 9 57	9.6	9.7	—	43.214	43.63	3.908		6
5400	Σ 948 AB	41.8	+59 30	5.3	6.2	A2	33.040	100.35	1.683	1.74	5.4
							36.223	99.98	1.658		4

ADS	Stern	α_{1950}	δ_{1950}	m_A	m_B	Sp	1900+	P	ϱ	ϱ_{korr}	n
5400	Σ 948 AB (Forts.)						37.227	98°.81	1″.753		3
							38.218	98.57	1.695		6
							39.194	98.48	1.619		6
							40.201	97.91	1.688		5
							41.179	97.57	1.631		6
							42.234	97.73	1.670		6
							43.172	97.10	1.663		6
							44.243	96.47	1.722		4
	AC			$5^m.3$	$7^m.4$		38.221	307.85	8.585		5
							41.179	308.48	8.518		6
5447	OΣ 156	$6^h44^m.5$	+18° 15′	6.7	7.2	Ao	35.196	275.31	0.667	0″.58	5
							36.196	278.04	0.645	0.55	7
							37.232	274.81	0.626	0.53	3
							38.182	278.64	0.640	0.55	7
							39.194	276.12	0.633	0.54	6
							40.200	274.79	0.633	0.58	5
							41.194	276.32	0.624	0.53	8
							42.231	274.83	0.699	0.58	5
							43.198	273.59	0.624	0.55	6
5455	OΣ 157	45.2	+ 0 24	7.4	7.9	A2	36.206	302.53	0.51		6
							38.182	302.64	0.49		7
							39.229	299.50	0.50		6
							40.218	299.74	0.44		5
							41.203	299.02	0.40		6
							42.221	299.09	0.44		5
							43.198	298.22	0.42		6
5559	Σ 982	51.8	+13 15	4.8*	7.1	Fo	39.231	153.21	6.859		6
5570	Σ 981	52.2	+30 14	8.8	8.8	Go	35.196	140.78	2.628	2.59	5
							36.223	140.92	2.601		4
							38.232	140.76	2.504		5
							39.214	140.62	2.445		6
							41.196	140.88	2.392		7
							42.208	139.14	2.398		3
5586	OΣ 159	53.0	+58 29	4.9	6.0	Go	36.194	27.03	0.976	0.91	6
							37.227	25.65	0.914	0.85	3
							38.221	26.76	0.966	0.91	5
							39.195	24.97	0.985	0.93	6
							40.212	25.78	1.020	0.97	5
							41.202	26.01	0.950	0.90	7
							42.234	27.27	0.960	0.91	6
							43.173	27.50	0.970	0.92	6
							44.243	27.47	0.930	0.87	4
5712	β 573	59.7	−10 49	7.3	7.8	F8	43.214	277.96	0.844	0.74	6
5746	Σ 1009	7 1.7	+52 50	6.9	7.0	A2	36.277	151.82	3.669		3
							39.212	151.02	3.722		5
5813	Σ 1029	5.5	− 4 36	8.2	8.9	Fo	43.214	27.61	1.831		6
5871	Σ 1037	9.7	+27 19	7.2	7.2	F5	35.196	340.90	0.846	0.74	5
							36.172	340.13	0.826	0.72	7
							37.246	339.45	0.870	0.79	5
							38.184	339.04	0.850	0.77	6
							39.208	337.85	0.867	0.78	8
							40.208	337.94	0.922	0.85	6
							41.203	337.32	0.954	0.90	8
							42.240	336.68	0.973	0.92	7
							43.176	336.27	0.979	0.93	8
							44.256	335.87	0.997	0.95	6
5875	Weiße 14	10.0	+15 16	7.9	8.4	Ao	43.214	157.07	2.285		6
5893	OΣ 520	10.7	+28 35	7.9	9.9	Ao	36.216	358.70	0.806	0.71	4
							38.152	359.29	0.690	0.58	5
							39.202	2.06	0.699	0.61	7
							40.206	2.05	0.732	0.60	5
							42.233	4.94	0.61		4
							43.228	1.36	0.60		5
5896	Σ 1033	10.8	+52 38	7.6	8.2	Fo	43.206	277.44	1.575		6
5958	OΣ 170	14.9	+ 9 23	7.6	7.9	Go	36.207	100.99	1.663		6
							39.194	99.36	1.629		6
							42.242	98.18	1.602		5
							43.203	97.87	1.642		6
5983	Σ 1066	17.1	+22 5	3.5	8.5	Fo	35.196	212.54	6.454	6.41	5
							39.199	213.12	6.650		6
							42.234	213.55	6.520		6
							44.272	213.52	6.527		6
5996	Σ 1074	18.0	+ 0 30	7.4	7.8	B9	36.207	151.06	0.670	0.57	6

ADS	Stern	α_{1950}	δ_{1950}	m_A	m_B	Sp	1900+	P	ϱ	ϱ_{korr}	n
5996	Σ 1074 (Forts.)						38.201	151°.71	0″.695	0″.57	6
							39.215	151.01	0.670	0.61	6
							40.215	149.74	0.695	0.53	4
6028	Σ 1051	7h20m.6	+73° 10′	7m.1	9m.2	Fo	43.206	284.10	1.131	1.08	6
6072	OΣ 171	23.5	+31 43	7.2	10.0	G5	43.206	132.05	1.119	1.07	6
6086	Σ 1094	24.6	+15 25	7.4	8.4	B8	43.228	94.92	2.414		6
6117	Σ 1093	26.5	+50 5	8.7	8.7	F5	36.255	160.24	0.782	0.68	5
							38.205	163.78	0.764	0.66	7
							39.216	162.66	0.819	0.72	6
							40.218	164.02	0.816	0.72	5
							41.219	166.99	0.851	0.75	5
							42.221	165.45	0.878	0.80	4
							43.209	166.81	0.895	0.81	6
6126	Σ 1104	27.1	−14 53	6.2	7.8	F8	40.216	350.50	2.339		5
6175	Σ 1110 AB	31.4	+32 0	2.0	2.8	Ao	31.259	209.50	4.231		2
							33.099	207.18	4.112		12
							34.262	206.92	4.011		7
							35.236	205.93	3.983	3.94	10
							36.233	204.64	3.972	3.96	15
							37.285	203.66	3.917		12
							38.200	202.87	3.851		13
							39.233	201.66	3.802		12
							40.255	200.64	3.713		12
							41.223	200.02	3.606		9
							42.249	199.09	3.554		10
							43.208	197.84	3.457		10
							44.262	196.40	3.427		8
							46.254	192.74	3.210		1
	Σ 1110 AC			2.0	9.5		35.177	164.14	73.085		3
							36.226	164.13	72.688		2
							37.284	164.01	72.804		3.2
							38.223	164.04	72.736		7.6
							39.263	163.96	72.729		6
							40.280	164.02	72.846		8
							41.219	163.92	72.669		5
							42.256	163.81	72.678		8
							43.218	163.88	72.622		9
							44.267	163.91	72.571		7
6180	Σ 1116	31.8	+12 25	7.9	8.6	B8	43.234	101.29	1.831		6
6185	OΣ 175	32.0	+31 4	5.8	6.4	Ko	35.366	327.59	0.697	0.56	6
							39.210	328.14	0.650	0.55	5
6191	OΣ 174	32.4	+43 9	6.5	8.1	Fo	43.226	85.34	2.050		5
6240	OΣ 176	35.9	+ 0 37	7.1	9.1	B9	43.237	218.46	1.439	1.43	7
6258	Bird 2	37.1	+ 5 23	9.4	9.5	A5	41.210	189.73	0.853	0.77	4
6263	Σ 1126	37.5	+ 5 21	6.4	6.7	Ao	33.221	149.34	1.136	1.23	5
							34.263	151.18	1.165	1.24	6
							35.211	150.61	1.083	1.00	4
							36.229	151.74	1.124	1.07	5
							37.256	150.87	1.163	1.11	4
							38.220	151.23	1.179	1.13	7
							39.224	151.84	1.158	1.11	7
							40.213	151.71	1.147	1.10	5
							41.219	151.87	1.186	1.14	5
							44.267	152.46	1.175	1.13	7
6276	OΣ 177	38.4	+37 33	8.0	9.0	A3	36.248	94.58	0.39		3
							38.150	89.91	0.38		4
							39.261	82.86	0.35		5
							41.214	75.96	0.30		2
6291	Σ 1130	39.0	+ 9 49	8.7	9.2	Go	36.770	185.89	0.763	0.66	4
							38.221	182.28	0.62		5
							39.242	183.18	0.67		7
							40.215	185.62	0.62		4
							41.210	188.98	0.63		4
6347	Ho 247	43.2	+21 15	8.0	8.5	F2	36.244	158.76	0.38		4
							39.245	160.88	0.36		5
							40.234	165.00	0.32		5
							41.210	168.02	0.34		4
							43.235	172.30	0.36		4
6420	β 101	49.5	−13 46	5.8	6.4	Go	43.222	286.57	0.651	0.59	7
							44.276	287.68	0.59		5
6421	Σ 1154	49.6	− 2 55	7.0	9.2	A5	39.238	352.89	2.529		5
6425	OΣ 182	50.1	+ 3 31	7.5	8.0	A2	40.206	24.29	1.020	0.97	5
6454	Σ 1157	52.0	− 2 40	7.9	7.9	Fo	39.241	229.57	1.075	1.02	5

ADS	Stern	α_{1950}	δ_{1950}	m_A	m_B	Sp	1900+	P	ϱ	ϱ_{korr}	n
6499	Σ 1170	7^h57^m0	+13° 50′	8^m4	8^m4	F5	43.252	101°18	2″344		6
6532	Σ 1175	59.8	+ 4 18	8.5	10.4	G5	36.507	241.33	1.471		4
							39.248	240.70	1.471		6
							40.230	242.66	1.566		5
							41.210	243.00	1.522		4
6538	OΣ 186	8 0.3	+26 25	7.4	8.1	A2	43.231	71.82	0.879	0″80	6
6554	β 581	1.6	+12 26	8.6	8.6	G5	35.205	256.52	0.47		3
							36.237	257.22	0.548	0.45	5
							37.267	258.44	0.53		3
							38.184	261.27	0.52		8
							39.229	265.29	0.52		7
							40.243	269.35	0.51		7
							41.219	273.78	0.55		5
							42.267	275.28	0.52		6
							43.219	278.40	0.50		8
							44.270	281.71	0.46		6
6569	Σ 1177	2.6	+27 40	6.5	7.4	B9	43.252	350.78	3.501		6
6623	Σ 1187	6.4	+32 22	7.1	8.0	F2	35.828	35.05	2.523	2.51	5
							41.240	33.92	2.460		6
6650	Σ 1196 AB	9.3	+17 48	5.6	6.2	G0	33.181	149.88	0.69		7.6
							34.263	134.84	0.72		6
							35.197	122.91	0.738	0.61	7
							36.209	115.05	0.660	0.56	6
							37.280	106.92	0.740	0.64	9
							38.213	99.05	0.757	0.66	11
							39.244	91.84	0.783	0.68	12
							40.257	86.15	0.828	0.73	12
							41.242	79.73	0.901	0.83	8
							42.256	73.84	0.917	0.85	11
							43.228	67.56	0.906	0.84	10
							44.272	63.85	0.970	0.92	10
							46.254	51.40	1.088	1.04	3
	$\frac{AB}{2}$ C				6.0		33.184	105.07	5.370		8
							34.263	105.72	5.472		6
							35.197	104.56	5.677	5.64	7
							36.209	103.73	5.752		6
							37.280	102.97	5.865		9
							38.213	101.72	5.925		11
							39.244	100.55	5.934		12
							40.257	99.40	5.925		12
							41.242	98.58	5.908		8
							42.256	97.58	5.848		11
							43.228	96.61	5.893		10
							44.272	96.39	5.815		10
							46.254	96.20	5.374		3
6663	Σ 1202	10.8	+11 0	7.4	9.5	F8	36.507	315.30	2.466		4
							39.264	312.78	2.502		6
6671	β 1244	11.2	+ 2 8	8.2	8.4	A0	36.258	29.54	0.825	0.72	2
							39.255	28.55	0.906	0.74	7
6762	Σ 1216	18.8	− 1 26	6.8	7.5	A0	38.266	238.68	0.50		2
							39.259	238.31	0.49		7
							40.243	239.63	0.49		7
							41.219	240.05	0.50		5
							42.266	241.62	0.51		6
							43.231	243.04	0.50		7
							44.284	244.35	0.49		7
6993	Σ 1273	44.2	+ 6 36	3.5	7.5	F8	33.229	252.20	2.966		4
							34.252	253.30	2.815		2
							36.210	254.26	2.978		3
							38.266	255.05	2.952		5
							39.260	255.85	3.041		8
							40.288	256.50	2.989		8
							41.260	257.61	3.001		7
							42.263	258.48	3.000		7
							43.270	259.01	3.015		8
							44.280	260.29	3.028		8
7033	Σ 1275	47.6	+57 43	8.4	8.4	F0	42.298	196.93	1.927		5
7034	Σ 1282	47.6	+35 15	7.5	7.5	F8	42.298	277.97	3.571		5
7049	Σ 1287	48.7	+12 19	7.9	10.2	F0	39.315	91.78	1.784		4
							42.285	91.29	1.868		3
7050	β 587	49.1	− 6 59	5.8	7.8	A2	38.266	132.36	1.074	1.02	2
							39.255	132.85	1.032	0.98	7
							42.266	132.81	1.040	0.99	6

ADS	Stern	α_{1950}	δ_{1950}	m_A	m_B	Sp	1900+	P	ϱ	ϱ_{korr}	n
7050	β 587 (Forts.)						43.270	131°34	1″052	1″00	8
7067	Σ 1280	8h51m0	+71° 0′	8m5	8m5	K5	38.263	55.98	3.340		3
							39.287	57.03	3.342		6
							40.286	57.13	3.330		8
							41.262	57.58	3.232		6
							42.267	58.13	3.154		8
							43.272	58.96	3.133		9
							44.269	59.69	3.113		6
							46.254	61.52	3.003		1
7071	Σ 1291	51.2	+30 46	6.1	6.6	K0	39.313	319.64	1.443		5
							42.298	320.91	1.425		5
7203	Σ 1306	9 6.0	+67 20	4.9	8.1	F8	37.314	51.90	1.807		5
							38.277	50.44	1.728		6
							39.266	49.22	1.807		7
							40.294	46.89	1.797		7
							41.271	44.37	1.846		7
							42.267	42.68	1.970		8
							43.276	42.23	1.966		10
							44.280	40.30	2.037		8
							46.254	37.20	1.973		1
7229	Σ 1313	9.2	+70 11	9.0	9.2	—	43.285	262.56	1.115	1.07	8
7236	Σ 1322	9.9	+16 44	8.1	8.6	A0	39.315	53.64	1.696		4
							42.292	54.06	1.799		4
7243	Σ 1318	10.3	+47 12	7.8	9.0	F8	43.303	235.13	2.866		5
7284	Σ 3121	14.9	+28 47	8.0	8.0	K0	36.317	21.49	0.759	0.66	5
							37.302	22.27	0.752	0.68	4
							38.315	26.29	0.772	0.66	5
							39.267	27.63	0.730	0.65	7
							40.293	31.02	0.670	0.59	6
							41.271	33.67	0.48		7
							42.285	42.59	0.36		7
							43.275	57.7	0.25		3
							44.288	76.8	0.20		4
7286	Σ 1333	15.4	+35 35	6.4	6.7	A5	34.263	47.34	1.672	1.75	6
							37.340	46.84	1.814		2
							39.313	46.96	1.809		5
							42.298	46.17	1.737		5
7292	Σ 1334	15.8	+37 1	3.9	6.6	A2	39.313	231.52	2.752		5
							42.298	232.15	2.728		5
7300	Σ 1331	16.9	+61 34	8.3	8.3	A5	42.298	153.14	0.965	0.91	5
7307	Σ 1338	17.9	+38 24	6.5	6.7	F2	33.215	194.64	1.414	1.42	6
							34.263	192 86	1.271	1.35	6
							36.323	197.56	1.395		6
							37.302	197.92	1.410		4
							38.315	197.95	1.389		5
							39.270	199.74	1.326	1.30	6
							41.294	202.42	1.344	1.34	5
							42.275	202.80	1.357	1.35	7
							43.279	204.05	1.341	1.33	8
							44.279	205.74	1.332	1.31	8
7344	OΣ 201	21.0	+28 7	8.3	9.8	F5	39.979	216.44	1.366	1.35	6
7348	OΣ 200	21.5	+51 47	6.6	8.3	G0	43.303	334.25	1.487		5
7352	Σ 1348	21.8	+ 6 34	7.5	7.6	F5	33.257	317.93	1.948	2.03	2
							34.267	318.50	1.726	1.81	5
							36.317	320.29	1.972		5
							37.288	319.63	2.067		3
							39.270	318.50	1.927		6
							43.289	318.67	1.967		7
7380	Σ 1355	24.7	+ 6 27	7.5	7.5	F5	40.023	158.56	2.343		7
7390	Σ 1356	25.8	+ 9 17	5.9	6.7	G0	33.229	139.74	1.08	1.08	4
							34.263	137.42	1.102	1.17	6
							36.317	141.09	0.986	0.93	5
							37.321	141.62	0.962	0.89	6
							38.295	142.81	0.962	0.90	6
							39.266	143.99	0.898	0.82	8
							40.293	145.39	0.908	0.84	6
							41.277	146.78	0.923	0.85	5
							42.287	148.35	0.876	0.79	9
							43.279	148.60	0.850	0.76	8
							44.283	149.55	0.824	0.72	9
							46.254	153.00	0.807	0.73	1
7412	Σ 1365	29.0	+ 1 41	7.3	8.3	F8	42.298	156.65	3.324		5
							43.303	156.72	3.368		5

ADS	Stern	α_{1950}	δ_{1950}	m_A	m_B	Sp	1900+	P	ϱ	ϱ_{korr}	n
7456	Σ 1372	9h34m4	+16° 27′	8m4	8m5	F8	39.914	56°97	0″60		5
7477	Σ 1374	38.3	+39 11	7.2	8.5	G5	43.285	293.92	3.082		8
							44.288	293.51	3.118		8
7545	OΣ 208	48.7	+54 18	5.0	5.6	A2	36.317	342.99	0.506	0″41	5
							37.315	343.62	0.568	0.48	5
							38.317	345.80	0.526	0.47	6
							39.270	346.54	0.46	0.46	6
							40.302	347.77	0.584	0.47	8
							41.311	350.81	0.599	0.50	6
							42.296	351.59	0.49		8
							43.277	353.56	0.49		8
							44.294	354.75	0.49		7
							46.254	358.47	0.55		1
7551	Σ 1389	49.6	+27 13	8.5	9.5	K0	36.333	302.57	2.314		4
							37.306	302.22	2.352		2
							39.282	301.19	2.343		6
							43.285	299.82	2.364		8
7555	AC 5	50.0	− 7 52	5.7	6.1	A2	37.335	41.65	0.49		5
							38.313	39.98	0.44		6
							39.267	37.89	0.46		6
							40.297	37.51	0.48		6
							41.304	36.75	0.50		5
							43.089	32.81	0.45		5
							44.329	31.09	0.41		3
7566	Σ 1386	51.0	+69 8	9.4	9.4	F5	42.298	109.39	1.980		5
7613	OΣ 210	59.4	+46 36	8.6	9.4	G5	41.914	260.35	1.181	1.14	5
7624	Hu 631	10 1.1	+32 53	7.8	9.4	F8	43.303	257.06	0.898	0.82	5
7632	Σ 1406	2.8	+31 20	8.3	9.0	A3	43.303	223.80	0.978	0.93	5
7695	Σ 1417	12.4	+19 22	8.8	8.8	F2	42.298	256.54	2.353		5
7704	OΣ 215	13.6	+17 59	7.2	7.4	F0	36.326	195.23	1.227	1.18	5
							37.314	194.43	1.186	1.14	5
							38.349	194.14	1.238	1.18	6
							39.264	193.57	1.227	1.18	6
							40.321	193.15	1.193	1.14	6
							41.325	192.96	1.191	1.14	6
							43.299	192.90	1.201	1.15	5
							44.306	191.92	1.188	1.14	7
7721	Σ 1423	16.5	+20 49	9.3	10.0	K0	40.070	39.00	1.534		8
7724	Σ 1424	17.2	+20 6	2.6	3.8	K0	33.215	119.52	4.045		6
							34.262	120.20	3.904		7
							35.423	120.42	3.905	3.87	5
							36.371	119.67	3.999		9
							37.345	119.79	3.959		10
							38.317	119.70	4.033		9
							39.283	119.54	4.044		8
							40.327	119.47	4.069		10
							41.337	119.80	4.061		9
							42.319	119.77	4.056		10
							43.299	119.69	4.077		9
							44.314	120.17	4.130		10
							46.254	120.52	4.124		1
7730	Σ 1426	17.9	+ 6 41	8.4	8.9	F5	36.331	292.11	0.951	0.89	5
							39.297	293.21	0.931	0.86	5
							43.330	293.62	0.968	0.92	5
7744	OΣ 216	20.0	+15 36	7.4	10.9	G5	40.342	17.58	0.958	0.88	4
							41.346	11.66	0.825	0.73	6
							42.361	9.64	0.918	0.83	3
							43.281	1.58	0.76	0.76	4
							44.310	1.73	0.856	0.77	4
7758	Σ 1429	22.3	+24 53	8.9	8.9	G5	36.331	228.20	0.695	0.59	5
							38.346	228.54	0.56	0.56	5
							39.297	222.47	0.633	0.59	5
							40.327	223.29	0.57	0.57	5
							42.361	223.39	0.765	0.64	3
							44.329	223.85	0.825	0.69	3
7762	Σ 1428	22.8	+52 53	7.9	8.4	F5	42.298	86.25	3.113		5
7775	OΣ 217	24.2	+17 29	7.9	8.4	F8	36.326	155.22	0.722	0.62	5
							39.297	153.54	0.678	0.63	5
							41.339	155.00	0.730	0.63	7
							42.361	156.66	0.707	0.60	3
7779	OΣ 218	24.9	+ 3 49	7.5	9.0	K0	36.331	88.19	0.866	0.80	5.4
							39.297	87.42	0.847	0.76	5.4
							41.339	87.92	0.950	0.89	7

ADS	Stern	α_{1950}	δ_{1950}	m_A	m_B	Sp	1900+	P	ϱ	ϱ_{korr}	n
7779	OΣ 218 (Forts.)						42.361	89°80	0″939	0″89	3
7802	Σ 1439	$10^h27^m.4$	+21° 4′	$8^m.9$	$9^m.4$	G5	36.344	103.62	1.651		5
							39.297	101.56	1.627		5
							40.327	100.79	1.638		5
							41.326	100.12	1.619		6
							43.299	98.97	1.616		5
							44.341	98.99	1.604		5
7833	Σ 1447	31.0	+23 37	7.3	9.1	A2	43.303	122.65	4.209		5
7837	Σ 1450	32.4	+ 8 55	5.8	8.5	A0	41.379	156.53	2.289		3
							42.338	156.80	2.205		4
7864	Σ 1457	36.1	+ 6 0	8.0	9.0	F2	40.332	323.67	1.558		5
							43.324	325.09	1.588		6
							44.341	325.70	1.699		5
7871	OΣ 224	37.1	+ 9 6	8.1	10.1	F5	39.291	230.04	0.45		5
							40.314	230.20	0.43		7
							41.336	228.06	0.46		8
							42.332	226.55	0.49		5
							43.319	224.37	0.46		5
							44.330	224.04	0.48		4
							46.254	222.54	0.48		1
7878	Σ 1460	37.7	+42 25	8.6	8.6	F2	42.298	162.30	3.522		5
7888	OΣ 227	39.0	+11 0	8.0	9.0	A2	36.372	348.57	0.819	0.72	3
							37.360	349.44	0.790	0.68	4
							39.291	349.23	0.774	0.67	5
							41.338	349.77	0.856	0.76	6
							42.361	355.13	0.869	0.73	3
							44.338	352.78	0.832	0.71	4
7929	OΣ 229	45.2	+41 22	7.4	7.8	A3	36.348	304.34	0.928	0.86	4
							37.330	303.13	0.872	0.79	7
							39.263	302.70	0.903	0.82	5
							40.328	300.97	0.947	0.89	6
							41.333	300.48	0.883	0.79	7
							42.361	299.56	0.918	0.85	3
							43.299	300.17	0.891	0.80	5
							44.341	299.08	0.854	0.75	5
7936	Σ 1476	46.8	− 3 46	6.9	7.7	A2	40.332	7.59	2.343		5
							41.347	7.86	2.411		5
8007	Σ 1500	57.5	− 3 12	7.5	9.1	F8	40.332	306.92	1.645		5
							41.347	308.47	1.714		5
8043	Σ 1504	11 1.4	+ 3 55	7.8	7.9	F0	40.348	292.76	1.304	1.29	5
							43.350	293.30	1.247	1.21	7
8047	Ho 378	2.2	+38 41	8.2	8.4	F2	42.029	231.58	0.826	0.71	6
8082	h 2562	8.0	+31 26	9.2	10.7	—	43.356	289.03	1.291	1.25	5
							44.344	286.39	1.365		3
8102	OΣ 232	12.3	+37 51	8.5	9.0	G5	42.029	240.19	0.744	0.61	6
8105	Σ 1521	12.7	+27 51	7.7	8.0	A5	42.114	96.39	3.611		8
8119	Σ 1523	15.6	+31 49	4.4	4.9	G0	33.215	354.03	0.974	0.98	6
							34.263	332.69	1.037	1.12	6
							35.423	312.39	1.261	1.19	5
							36.386	303.45	1.478		7
							37.354	292.72	1.585		11
							38.327	286.46	1.657		11
							39.320	277.98	1.666		8
							40.341	273.22	1.783		10
							41.339	266.05	1.779		7
							42.349	262.39	1.811		10
							43.329	255.96	1.766		9
							44.369	250.37	1.815		7
8128	Σ 1527	16.4	+14 33	7.0	8.2	G0	36.369	21.95	2.769		5
							39.323	21.84	2.685		5
							41.342	22.44	2.589		6
8148	Σ 1536	21.3	+10 48	4.1	7.3	F5	36.401	350.54	0.864	0.78	6
							37.351	344.60	0.834	0.74	10
							38.337	340.42	0.751	0.65	12
							39.285	332.54	0.724	0.63	10
							40.330	327.04	0.698	0.61	10
							41.337	314.60	0.681	0.59	9
							42.322	307.22	0.732	0.64	10
							43.352	298.70	0.688	0.60	9
							44.346	286.78	0.727	0.64	6
							46.316	271.33	0.676	0.58	2
8189	OΣ 234	28.1	+41 34	7.6	8.0	F5	36.406	191.92	0.41		4
							37.374	193.43	0.32		7

ADS	Stern	α_{1950}	δ_{1950}	m_A	m_B	Sp	1900+	P	ϱ	ϱkorr	n
8189	OΣ 234 (Forts.)						39.286	200°62	0".36		5
							40.327	208.10	0.31		5
							41.346	214.77	0.29		5
							42.361	220.08	0.28		3
8197	OΣ 235	11h 29m 5	+61° 22'	5m8	7m1	F5	36.406	16.19	0.766	0".67	4
							37.374	17.99	0.852	0.76	9
							38.353	21.68	0.856	0.77	7
							39.335	26.26	0.819	0.72	6
							40.342	26.77	0.863	0.77	9
							41.338	31.34	0.870	0.78	6
							42.350	33.86	0.949	0.89	10
							43.334	36.65	1.027	0.98	7
							44.362	38.80	1.005	0.95	6
8220	Σ 1552	32.1	+17 4	6.0	7.3	B3	41.383	208.67	3.304		3
							42.359	209.44	3.376		5
8230	Σ 1554	33.5	+13 8	9.4	9.4	G5	41.966	257.44	0.51		5
8231	Σ 1555	33.7	+28 3	6.4	6.8	A3	41.364	rund			1
8238	Σ 1558	34.1	+21 45	9.2	9.7	G5	41.966	162.41	1.301	1.22	5
8249	Σ 1559	36.0	+64 37	6.8	7.8	A2	42.005	322.63	2.015		7
8252	OΣ 237	36.3	+41 25	8.4	10.0	F8	40.345	252.35	1.666		6
							41.346	253.30	1.668		5
8337	β 794	51.0	+74 2	7.1	8.4	F8	37.391	58.99	0.602	0.51	7
							39.376	61.49	0.48	0.48	8
							40.364	64.77	0.624	0.52	6
							41.374	66.10	0.647	0.55	8
							42.384	71.91	0.646	0.51	6
							43.376	73.82	0.51	0.51	4
							44.377	72.82	0.50	0.50	4
8355	OΣ 241	53.7	+35 44	6.7	8.6	F2	40.345	134.62	1.657		6
							41.346	133.45	1.690		5
8406	Σ 1596	12 1.7	+21 44	6.0	7.5	F0	41.396	237.27	3.652		5
							42.390	237.42	3.654		6
8419	Σ 3123	3.5	+68 59	7.9	7.9	F5	37.398	128.36	0.36		6
							39.376	127.55	0.37		8
							40.364	128.64	0.36		6
							41.381	125.98	0.40		7
							42.375	126.53	0.38		6
							43.381	127.17	0.35		3
							44.364	124.36	0.34		2
8446	Σ 1606	8.3	+40 10	7.3	8.0	A3	35.423	313.27	0.973	0.88	5
							36.416	315.94	0.970	0.90	5
							37.373	315.04	0.884	0.80	4
							38.378	316.10	0.819	0.72	10
							39.401	315.29	0.812	0.71	7
							40.348	313.99	0.869	0.78	7
							41.344	313.58	0.836	0.75	5
							42.378	313.30	0.858	0.76	8
							43.383	313.65	0.799	0.70	5
							44.387	312.16	0.840	0.74	6
8535	OΣ 249	21.4	+54 26	8.1	8.9	G5	37.393	284.82	0.47		7
							40.370	285.41	0.42		5
							41.399	286.77	0.47		6
							42.381	285.32	0.44		5
							43.381	287.59	0.42		3
							44.384	285.21	0.44		4
8539	Σ 1639	21.9	+25 52	6.6	7.8	A5	35.423	333.78	1.082	1.00	5
							36.416	334.05	1.055	1.00	5
							37.396	333.59	1.124	1.07	8
							38.379	332.62	1.148	1.10	9
							39.417	332.45	1.061	1.01	7
							40.367	332.78	1.112	1.06	7
							41.358	332.95	1.167	1.12	6
							42.378	332.30	1.137	1.09	8
							43.383	332.11	1.098	1.05	5
							44.393	332.01	1.204	1.15	7
8546	Σ 1642	23.3	+45 1	8.4	9.2	F5	42.397	178.29	2.473		5
8553	Σ 1643	24.7	+27 19	9.2	9.5	K2	36.416	25.23	2.259		5
							40.370	24.38	2.249		5
							41.385	24.12	2.230		3
							42.371	24.61	2.289		4
							44.392	24.12	2.337		5
8575	Σ 1647	28.0	+10 0	8.5	8.8	F2	36.447	231.18	1.458		5.4
							40.370	232.77	1.413		5

ADS	Stern	α_{1950}	δ_{1950}	m_A	m_B	Sp	1900+	P	ϱ	ϱ_{korr}	n
8601	Σ 1658	$12^h32^m.6$	+ 7° 43′	$7^m.9$	$9^m.7$	F8	36.447	6°.23	2″.458		5
							38.405	5.66	2.628		4
							40.370	6.44	2.410		5
8606	Σ 1661	33.5	+11 41	9.0	9.0	G5	42.406	240.86	2.269		5
8611	Σ 1663	34.7	+21 28	8.1	9.0	F2	36.416	92.98	0.819	0″.72	5
							38.404	90.84	0.774	0.68	5
							40.370	91.00	0.794	0.69	5
8625	Σ 1668	38.4	+ 9 6	7.6	8.1	F2	42.392	192.58	1.519		5
8630	Σ 1670	39.1	− 1 11	3.6	3.7	F0	33.436	318.69	5.756		2
							34.261	318.64	5.854		5
							35.423	317.28	5.783	5.74	5
							36.453	317.19	5.774		7
							37.399	317.12	5.767		9
							38.387	316.90	5.770		9
							39.422	316.58	5.737		8
							40.395	316.20	5.732		8
							41.403	315.58	5.683		8
							42.384	315.47	5.655		10
							43.424	314.85	5.572		8
							44.399	314.94	5.652		8
8646	Σ 1674	41.3	+ 7 50	8.6	9.3	G0	42.406	170.12	2.318		5
8695	Σ 1687	50.8	+21 31	5.2	8.0	K0	35.430	115.36	1.030	0.95	7
							36.439	114.42	1.071	1.02	6
							37.399	116.20	1.095	1.04	9
							38.387	116.57	1.054	1.00	9
							39.400	117.77	1.077	1.03	10
							40.376	118.74	1.104	1.05	10
							41.378	119.82	1.099	1.05	10
							42.387	120.94	1.077	1.03	10
							43.423	122.68	1.050	1.00	6
							44.398	123.05	1.048	1.00	7
							46.377	125.24	1.117	1.07	1
8708	OΣ 256	53.9	− 0 41	7.1	7.5	F5	36.447	87.69	0.913	0.85	5
							40.389	86.71	0.876	0.79	7
							42.422	87.30	0.893	0.82	4
							44.404	87.68	0.883	0.79	6
8710	Σ 1695	54.1	+54 22	6.0	7.9	A2	42.438	282.13	3.483		5
8721	Σ 1699	56.3	+27 45	8.6	8.6	G5	42.392	4.80	1.531		5
8739	β 1082	58.6	+56 38	4.9	8.5	F0	40.401	309.14	1.157	1.11	8
							41.390	312.54	1.210	1.17	6
							42.408	315.68	1.089	1.04	5
							44.404	322.24	1.121	1.07	6
8751	Σ 1711	13 0.4	+13 44	8.6	9.1	F5	36.447	344.21	0.822	0.73	5
							40.402	342.36	0.790	0.68	6
							41.912	343.80	0.896	0.77	6
							44.404	344.54	0.838	0.70	6
8759	β 929	1.3	− 3 24	7.1	7.4	F0	36.447	210.28	0.725	0.62	5
							41.438	208.36	0.789	0.69	5
							42.422	207.15	0.811	0.71	3
							44.420	207.78	0.785	0.68	4
8791	OΣ 260	5.6	+27 13	8.9	8.9	—	36.439	133.72	0.678	0.56	6
							41.421	135.84	0.633	0.55	3
							42.422	135.82	0.58	0.58	3
8796	Σ 1722	6.0	+15 46	8.1	9.1	K0	42.438	337.41	3.052		5
8799	Hu 572	6.7	+21 43	8.7	9.7	G5	36.448	302.98	0.860	0.67	5
							41.421	289.5	0.869	0.58	3
							42.427	286.3	0.58	0.58	1
8804	Σ 1728	7.6	+17 47	5.2	5.2	F5	36.445	13.5	0.22		4
							37.424	rund			2
							38.427	196.5	0.24		4
							39.421	192.87	0.40		5
							40.412	193.57	0.45		5
							41.424	193.56	0.49		6
							42.386	192.29	0.48		4
							43.450	193.48	0.41		4
							44.432	195.05	0.32		4
8814	OΣ 261	9.7	+32 21	7.2	7.7	F8	36.433	343.60	1.995		5
							39.420	342.03	1.947		6
8841	β 800	14.3	+17 17	6.6	9.7	K0	36.448	108.49	5.070		5
							39.420	108.28	5.177		6
8864	Σ 1734	18.2	+ 3 12	6.7	7.4	A0	35.440	184.22	1.150	1.08	6
							37.408	184.25	1.168	1.12	6
							41.443	183.52	1.173	1.12	6

ADS	Stern	α_{1950}	δ_{1950}	m_A	m_B	Sp	1900+	P	ϱ	ϱ_{korr}	n
8887	Ho 260	$13^h21^m.3$	$+29°29'$	$9^m.5$	$9^m.7$	K 5	36.448	$8^\circ.34$	$0''.819$	$0''.72$	5
							39.422	13.23	0.67		6
							42.403	19.01	0.71		3
8890	Σ 1742	21.8	+ 1 40	7.6	8.1	A2	42.435	352.24	1.124	1.07	5
8914	OΣ 266	26.0	+15 58	8.4	8.9	F5	41.435	346.48	1.960		6
8917	β 113	26.6	+11 44	8.6	11.1	—	37.408	225.09	1.589		6
8934	Σ 1755	30.1	+37 5	7.3	8.2	G5	42.438	130.83	4.230		5
8949	Σ 1757	31.7	− 0 4	7.7	8.8	Ko	34.068	92.19	2.768		5.1
							35.428	93.48	2.819	2.78	6
							36.440	94.31	2.728		6
							37.405	94.44	2.756		11
							38.412	95.61	2.702		8
							39.428	95.58	2.705		8
							40.424	95.61	2.688		7
							41.443	95.34	2.718		8
							42.419	95.96	2.688		9
							43.485	97.02	2.698		7
							44.427	96.34	2.717		5
8972	Σ 1763	35.0	− 7 37	7.9	7.9	K2	42.438	40.97	2.700		5
8974	Σ 1768	35.2	+36 33	5.1	7.0	Fo	34.506	119.31	1.652		5
							35.447	116.66	1.628	1.60	6
							36.443	116.74	1.579		7
							37.408	116.72	1.605		9
							38.443	116.17	1.543		7
							39.426	115.63	1.584		9
							40.424	114.71	1.603		7
							41.443	113.96	1.619		8
							42.415	113.51	1.640		8
							43.480	113.14	1.602		8
							44.436	113.03	1.640		6
							46.503	112.56	1.560		3
8979	Σ 1770	35.7	+50 58	6.8	8.3	K5	42.436	121.01	1.807		5
9000	Σ 1777	40.6	+ 3 47	5.7	8.1	Ko	42.435	231.15	2.982		5
9019	Σ 1781	43.6	+ 5 22	7.8	8.2	Go	35.458	303.80	0.914	0.81	6
							36.452	306.66	0.854	0.76	6
							37.413	307.46	0.862	0.77	8
							39.427	310.37	0.789	0.69	7
							40.421	311.80	0.839	0.74	6
							41.443	313.20	0.828	0.71	8
							42.446	314.12	0.815	0.71	6
							43.487	316.38	0.778	0.70	6
							44.432	315.48	0.816	0.72	4
							46.503	319.19	0.765	0.67	3
9031	Σ 1785	46.8	+27 14	7.9	8.2	K2	33.422	90.21	1.30	1.30	4
							34.261	94.67	1.450	1.46	5
							34.506	96.29	1.449	1.45	5
							35.454	99.56	1.564	1.53	7
							36.444	103.88	1.620		7
							37.409	106.12	1.700		10
							38.430	108.83	1.735		8
							39.431	111.49	1.785		10
							40.417	113.20	1.850		8
							41.443	115.42	1.867		8
							42.429	118.16	1.943		10
							43.485	120.82	2.056		7
							44.442	122.40	2.089		5
							46.503	126.02	2.203		3
9053	Σ 1788	52.4	− 7 49	6.5	7.7	F8	40.451	86.39	3.050		3
							41.421	86.80	3.076		3
9060	OΣ 273	53.8	+ 5 32	8.4	8.9	F5	35.458	108.67	1.067	0.99	6
9076	Σ 1793	56.8	+26 4	7.4	8.4	A5	42.435	241.69	4.586		6
9158	OΣ 277	14 10.2	+28 57	8.2	8.4	F2	37.422	14.18	0.41		6
							38.465	10.49	0.37		5
							39.449	15.16	0.36		6
							40.446	14.68	0.39		4
							41.451	14.94	0.38		6
							42.436	15.96	0.37		3
9159	OΣ 278	10.3	+44 25	8.3	8.5	F2	37.422	33.39	0.25		6
							40.439	25.45	0.24		3
							42.440	22.90	0.28		2
9167	Σ 1820	11.4	+55 33	8.8	9.1	K2	39.433	93.01	2.219		7
							40.442	93.49	2.286		6
							41.442	93.72	2.318		6

ADS	Stern	α_{1950}	δ_{1950}	m_A	m_B	Sp	1900+	P	ϱ	ϱ_{korr}	n
9174	Σ 1816	$14^h 11^m.7$	+29° 20′	$7^m.5$	$7^m.6$	F0; A2	36.443	84°.83	1″.222	1″.17	6
							37.416	84.30	1.185	1.14	7
							39.427	83.93	1.122	1.07	7
							41.442	83.36	1.152	1.10	6
							44.482	84.45	1.144	1.09	6
9177	Σ 1817	12.0	+26 56	8.9	9.5	F8	36.618	357.96	0.961	0.90	6
							41.442	357.76	0.932	0.87	6
9182	Σ 1819	12.8	+ 3 22	7.7	7.8	F8	34.512	322.49	1.174	1.08	5
							35.458	319.84	1.152	1.07	6
							36.477	320.59	1.184	1.14	5
							37.412	319.07	1.156	1.11	8
							38.462	317.92	1.103	1.05	7
							39.432	317.14	1.126	1.08	8
							40.442	316.30	1.154	1.10	6
							41.448	314.49	1.132	1.08	8
							42.447	312.52	1.132	1.08	8
							43.489	310.93	1.081	1.03	7
							44.482	309.73	1.098	1.05	6
							46.503	306.01	1.109	1.06	3
9192	Σ 1825	14.2	+20 21	6.6	8.3	F5	39.466	165.20	4.287		5
							42.484	164.86	4.214		5
9229	Σ 1834	18.5	+48 44	7.9	8.0	F8	34.518	96.12	0.782	0.64	5
							35.458	95.57	0.780	0.65	6
							36.514	96.24	0.746	0.65	6
							37.408	97.52	0.773	0.67	7
							38.462	97.71	0.769	0.67	4
							39.445	97.87	0.782	0.68	6
							40.437	97.23	0.789	0.69	5
							41.442	97.44	0.869	0.78	6
							42.468	97.67	0.915	0.85	4
							43.487	98.17	0.860	0.77	6
							44.481	97.74	0.912	0.84	4
9254	Σ 1837	22.0	−11 27	6.7	8.3	F2	44.492	290.86	1.382	1.36	6
9312	Σ 1858	31.6	+35 48	8.1	8.9	G5	41.480	36.83	2.812		6
9324	A 347	35.2	+48 26	8.5	8.7	F2	36.523	346.17	0.34		5
							39.453	342.51	0.36		5
							41.450	336.10	0.38		6
							42.483	337.32	0.36		3
							44.477	330.84	0.35		3
							46.492	321.46	0.38		1
9329	Σ 1863	36.4	+51 48	7.4	7.7	F2	34.518	77.11	0.717	0.58	5
							35.458	75.94	0.718	0.59	6
							36.514	78.52	0.678	0.58	6
							39.453	77.71	0.620	0.53	5
							40.437	77.50	0.620	0.55	5
							41.445	76.91	0.675	0.58	7
							42.470	76.17	0.716	0.62	6
							44.481	75.94	0.666	0.60	4
9340	Σ 1867	38.6	+31 30	8.4	8.9	F5	41.452	7.14	1.037	0.99	7
9343	Σ 1865	38.8	+13 57	4.4	4.8	A2	33.633	312.03	1.083	1.16	6
							34.266	312.04	1.150	1.23	4
							34.506	315.33	1.133	1.04	5
							35.469	314.58	1.115	1.04	6
							36.495	313.96	1.140	1.09	7
							37.406	313.47	1.109	1.06	7
							38.484	314.12	1.134	1.08	7
							39.451	313.50	1.143	1.09	7
							40.483	311.75	1.098	1.07	9(4*)
							41.499	312.64	1.160	1.11	8
							42.478	312.58	1.131	1.08	9
							43.490	312.80	1.174	1.12	7
							46.534	311.74	1.188	1.14	4
9345	Σ 1866	39.3	+ 9 44	8.5	8.5	G5	43.519	23.14	0.817	0.72	6
9350	Σ 1871	39.8	+51 37	8.0	8.0	F0	43.519	300.94	1.892		6
9357	Σ 1878	40.8	+61 29	6.3	8.5	F2	41.116	322.01	3.946		6
							43.483	322.68	3.928		6
9372	Σ 1877	42.8	+27 17	2.7	5.1	K0; A0	33.629	333.42	2.750		5
							34.261	335.50	2.878		3
							35.529	332.75	2.808	2.70	5
							37.471	333.78	2.753		4
							39.461	333.76	2.786		6
							42.488	334.43	2.793		6
9378	OΣ 285	43.6	+42 35	7.8	8.3	F5	34.512	68.08	0.624	0.50	5

ADS	Stern	α_{1950}	δ_{1950}	m_A	m_B	Sp	1900+	P	ϱ	ϱ_{korr}	n
9378	OΣ 285 (Forts.)						35.495	66°.41	0".496	0".50	5
							36.502	64.63	0.603	0.52	6
							37.422	65.12	0.592	0.51	6
							38.487	66.28	0.48		4
							39.468	62.43	0.45		7
							40.442	59.74	0.44		5
							41.449	56.88	0.46		8
							42.467	56.68	0.47		7
							43.488	55.08	0.43		6
							44.486	52.66	0.44		4
							46.490	51.92	0.46		2
9380	Σ 1879	14h 43m.8	+ 9° 52′	7m.5	8m.5	F8	34.512	107.45	1.204	1.11	5
							35.493	106.12	1.201	1.13	5
							36.492	105.13	1.212	1.17	5
							37.426	103.76	1.277	1.25	8
							38.479	104.64	1.248	1.20	5
							39.470	103.24	1.229	1.19	7
							40.442	101.76	1.311	1.30	6
							41.449	101.11	1.262	1.22	8
							42.465	100.77	1.320	1.31	6
							43.495	100.31	1.353	1.34	6
							44.487	99.74	1.366	1.37	5
							46.534	100.22	1.300	1.28	4
9389	Σ 1884	46.2	+24 34	6.3	7.9	F5	34.510	55.04	1.918	1.90	6
							39.477	54.71	1.828		7
							42.493	55.17	1.871		6
9400	A 1110	47.2	+ 8 11	7.6	7.8	F5	37.431	251.62	0.49		7
							39.465	251.51	0.48		6
							40.447	252.04	0.49		4
							41.460	250.63	0.50		6
							42.503	251.68	0.50		6
9413	Σ 1888	49.1	+19 19	4.8	6.7	G5	32.669	20.08	4.289		5
							33.634	19.05	4.374		5
							34.261	19.84	4.354		5
							34.506	17.62	4.475	4.36	5
							35.469	16.14	4.601	4.56	6
							36.488	14.14	4.775		6
							37.436	12.52	4.905		10
							38.500	10.88	5.021		9
							39.464	9.37	5.087		8
							40.489	8.24	5.198		8(4*)
							41.461	6.55	5.349		10
							42.482	5.59	5.468		11
							43.506	4.71	5.545		10
							44.492	3.10	5.641		6
							46.533	0.94	5.845		5
9418	OΣ 287	49.6	+45 8	8.5	8.6	G0	34.518	153.94	1.087	1.00	5
							36.493	153.73	1.134	1.08	5
							37.436	153.93	1.113	1.06	6
							38.487	154.06	1.061	1.01	4
							39.468	155.17	1.057	1.01	7
							40.436	156.18	1.144	1.09	4
							41.482	154.92	1.128	1.08	6
							43.492	155.84	1.074	1.02	6
9425	OΣ 288	51.0	+15 54	6.9	7.6	G0	33.631	181.61	1.811	1.89	4.3
							34.510	183.85	1.822	1.80	6
							38.544	181.42	1.767		6
							39.483	180.91	1.735		7
							41.455	180.97	1.678		7
							43.497	181.21	1.655		7
9494	Σ 1909	15 2.2	+47 51	5.2	6.1	G0	32.646	247.92	2.932		5
							33.634	247.25	2.866		5
							34.261	247.45	2.778		5
							34.506	247.53	2.936	2.83	5
							35.469	248.90	2.754	2.71	6
							36.498	248.86	2.631		6
							37.441	249.04	2.573		9
							38.509	249.16	2.518		8
							39.471	249.16	2.389		9
							40.492	250.14	2.314		9(5*)
							41.461	250.17	2.248		10
							42.482	250.83	2.205		11
							43.502	251.41	2.141		9

ADS	Stern	α_{1950}	δ_{1950}	m_A	m_B	Sp	1900+	P	ϱ	ϱ_{korr}	n
9494	Σ 1909 (Forts.)						44.502	251°94	2″117		5
							46.533	252.42	2.001		5
9497	β 119	15h 2m9	− 6° 49′	8m0	8m5	G0	41.499	288.47	1.836		6
9498	Σ 1907	3.2	+11 50	8.8	9.0	G0	41.494	357.29	1.092	1″03	6
9507	Σ 1910	5.2	+ 9 25	7.4	7.4	G5	41.496	210.82	4.265		7
9553	Σ 1926	13.0	+38 29	7.2	9.5	F0	36.484	251.93	0.862	0.77	6
							37.453	248.92	0.887	0.81	10
							38.484	248.83	0.784	0.68	6
							39.485	248.68	0.801	0.70	7
							41.469	248.88	0.852	0.76	6
							42.480	250.20	0.878	0.79	7
9554	OΣ 295	13.1	+37 1	8.1	9.7	F5	41.494	134.35	1.022	0.97	6
9578	Σ 1932	16.2	+27 1	7.1	7.6	F8	34.512	56.99	0.695	0.58	5
							35.501	59.32	0.622	0.50	7
							36.503	63.40	0.591	0.49	8
							37.462	67.65	0.565	0.49	11
							38.512	72.70	0.46		9
							39.485	79.45	0.37		9
							40.500	87.02	0.34		10(6*)
							41.462	96.14	0.33		8
							42.466	112.76	0.30		6
							43.497	133.44	0.28		5
							44.492	141.00	0.29		2
							46.510	175.24	0.29		4
9617	Σ 1937	21.1	+30 28	5.6	6.1	G0	34.510	236.56	0.600	0.49	6
							35.489	249.02	0.47	0.47	7
							36.508	271.47	0.428	0.40	9
							37.464	295.22	0.40	0.40	9
							38.512	320.09	0.484	0.46	9
							39.491	335.53	0.49	0.49	9
							40.496	347.67	0.597	0.54	9(5*)
							41.465	355.99	0.684	0.58	8
							42.502	3.30	0.779	0.68	8
							43.506	8.08	0.866	0.77	10
							44.502	13.62	0.954	0.89	5
							46.536	20.83	1.092	1.04	6
9626	Σ 1938	22.6	+37 31	7.2	7.8	K0	32.679	36.86	1.468	1.55	4
							33.634	34.38	1.589	1.67	5.3
							34.510	37.39	1.746	1.75	5
							35.496	36.66	1.790	1.76	6
							36.484	36.28	1.701		6
							37.488	35.20	1.759		7
							38.529	34.65	1.730		8
							39.488	33.86	1.691		7
							40.525	33.40	1.756		8(7*)
							41.478	32.39	1.724		8
							42.502	32.42	1.812		8
							43.506	31.78	1.778		10
							44.502	31.77	1.820		5
9630	Σ 1941	23.6	+26 48	9.0	9.0	F5	41.494	220.34	1.421		6
9634	Σ 1940	23.9	+18 21	8.4	8.9	F8	41.494	323.43	0.968	0.92	6
9639	OΣ 296	24.7	+44 11	7.6	9.2	G5	34.524	295.34	1.883		5
							36.501	294.39	1.810		5
							39.499	292.18	1.808		7
							42.501	290.33	1.882		7
							43.502	290.93	1.847		8
9647	Σ 1944	25.2	+ 6 16	8.5	9.1	F8	41.468	319.11	1.053	1.00	7
9675	Σ 1950	27.8	+25 41	8.1	9.6	K2	41.538	90.20	3.088		6
9694	Σ 1956	31.5	+41 59	8.5	10.0	G5	36.520	38.72	1.477		5
							39.499	36.07	1.338		7
							41.469	38.10	1.379		6
							42.523	38.15	1.403		5
9701	Σ 1954	32.4	+10 42	4.2	5.2	F0	33.645	181.56	3.817		5
							35.562	181.28	3.950	3.91	5
							37.616	181.08	3.836		4
							41.538	180.59	3.810		6
9708	Σ 1957	33.5	+13 5	7.9	9.6	F8	41.540	150.96	0.993	0.93	5
9716	OΣ 298	34.3	+39 58	7.4	7.7	K0	34.510	313.03	0.35		6.5
							35.496	331.55	0.26		6
							36.516	343.91	0.35		8
							37.464	0.30	0.33		8
							38.519	17.60	0.24		7
							39.507	37.19	0.21		6

ADS	Stern	α_{1950}	δ_{1950}	m_A	m_B	Sp	1900+	P	ϱ	ϱ_{korr}	n
9716	OΣ 298 (Forts.)						40.517	71°05	0″22		8 (6*)
							41.470	103.12	0.22		5
							42.486	132.43	0.30		5
							43.510	146.74	0.39		9
							44.502	152.86	0.50		5
							46.536	164.24	0.726	0″63	6
9727	Σ 1963	15^h35^m9	+30° 16′	8^m8	9^m2	F8	41.496	294.61	4.819		7
9731	Σ 1964	36.3	+36 24	7.2	8.6	F5	41.494	14.41	1.590		6
9737	Σ 1965	37.5	+36 48	5.1	6.0	B8	41.538	304.25	6.194		6
9757	Σ 1967	40.6	+26 27	4.0	7.0	A0	37.466	292.05	0.600	0.51	10
							38.535	290.84	0.585	0.53	9
							39.526	288.94	0.571	0.53	7
							40.531	288.33	0.589	0.54	10(9*)
							41.469	288.03	0.633	0.54	8
							42.506	286.23	0.649	0.56	6
							43.507	286.76	0.610	0.53	8
							44.502	285.54	0.649	0.55	5
							46.538	282.52	0.54	0.55	6
9758	β 619	40.8	+13 50	6.7	7.2	G5	41.499	355.31	0.630	0.53	6
9769	Σ 1989	42.3	+80 8	7.3	8.3	F2	34.525	37.97	0.61	0.61	5
							36.561	38.33	0.606	0.52	10
							37.526	37.69	0.581	0.51	6
							38.567	36.71	0.550	0.50	7
							39.547	37.63	0.596	0.50	6
							41.471	36.87	0.645	0.52	7
							42.518	37.49	0.620	0.52	4
							43.517	37.33	0.51	0.51	6
9802	β 621	48.2	+44 40	7.9	9.1	A0	34.534	49.00	0.744	0.61	5
							39.554	46.10	0.682	0.57	5
							42.518	45.62	0.55	0.55	4
9809	A 2078	48.6	+19 20	8.5	9.0	F2	41.499	154.35	1.048	1.00	6
9842	Σ 1985	53.3	− 2 3	7.1	8.2	G0	42.550	342.13	5.914		5
9844	Ho 399	53.4	+29 41	7.8	10.3	A0	41.538	117.32	3.228		6
9850	Σ 1988	54.4	+12 37	7.4	8.1	F2	41.499	257.84	2.390		6
9853	Σ 2034	54.7	+83 46	7.6	8.1	A3	42.517	112.58	1.242	1.20	6
9861	Σ 1991	55.8	+41 48	9.2	10.5	F5	41.538	193.75	3.025		6
9864	Σ 3101	56.3	− 2 56	8.6	8.9	G0	41.499	66.55	2.219		6
9880	OΣ 303	58.6	+13 25	7.5	8.0	F5	34.518	157.27	1.147	1.06	5
							36.602	155.91	1.115	1.06	6
							38.570	156.98	1.084	1.03	6
							39.512	156.98	1.083	1.03	7
							41.496	157.69	1.175	1.12	7
							43.534	158.75	1.119	1.07	6
							44.510	158.19	1.153	1.10	3
9904	Σ 2000	16 0.7	+14 8	8.4	9.2	F2	41.538	227.44	2.479		6
9909	Σ 1998 AB	1.6	—11 14	4.8	5.1	F8	32.644	20.27	1.128	1.17	3
							33.642	22.90	1.025	1.04	5
							34.512	21.56	1.227	1.16	5
							35.536	24.35	1.137	1.06	5
							36.577	25.53	1.050	1.00	8
							37.528	26.98	1.038	0.99	9
							38.557	28.44	0.996	0.95	7
							39.536	30.65	0.922	0.85	7
							40.537	32.21	0.900	0.89	8(7*)
							41.476	34.42	0.881	0.80	6
							42.506	37.80	0.902	0.83	6
							43.511	41.41	0.776	0.68	7
							44.516	45.04	0.831	0.73	1
							46.562	52.58	0.694	0.61	6.5
	$\frac{AB}{2}$ C				7.2		33.037	59.04	7.247		5
							35.536	57.89	7.377	7.34	5
							39.536	55.88	7.691		7
							40.539	57.60	7.502		7(6*)
							42.524	56.80	7.494		6
							43.511	56.03	7.614		7
9930	Σ 2011	5.6	+29 8	7.8	10.4	A3	41.538	66.77	2.449		6
9961	OΣ 306	10.0	+34 31	8.4	9.9	G5	41.506	23.01	0.32		4
9966	Σ 2022	10.7	+26 48	6.4	10.0	F2	41.538	142.95	2.468		6
9969	Σ 2021	11.0	+13 40	7.5	7.7	K0	33.645	340.61	4.115		5
							34.543	340.68	4.222	4.11	5
							37.544	341.48	4.124		6
							41.496	341.82	4.123		7
9970	Σ 2028 rej	11.1	+39 29	8.7	9.2	G0	34.525	144.58	0.52		5

ADS	Stern	α_{1950}	δ_{1950}	m_A	m_B	Sp	1900+	P	ϱ	ϱ_{korr}	n
9970	Σ 2028 rej (Forts.)						37.616	151°66	0″50		4
							41.553	148.86	0.47		3
							42.525	150.28	0.49		3
							43.520	150.90	0.46		2
9979	Σ 2032	16^h12^m8	+33° 59′	5^m8	6^m7	G0	32.641	223.32	5.497		5
							33.634	223.10	5.335		5
							34.543	224.26	5.582	5″47	5
							35.563	223.85	5.489	5.45	8
							36.559	224.04	5.582		9
							37.558	224.37	5.574		10
							38.562	224.23	5.654		8
							39.549	224.52	5.651		9
							40.535	224.93	5.622		8*
							41.491	225.30	5.631		8
							42.527	225.28	5.675		8
							43.609	225.69	5.718		11
							46.568	226.29	5.776		9
9982	Σ 2026	13.5	+ 7 30	9.1	9.6	K5	34.510	45.06	1.280	1.24	6
							35.534	43.37	1.375	1.34	6
							36.574	43.47	1.319	1.30	7
							37.525	41.93	1.398	1.39	6
							38.569	41.27	1.482		5
							39.532	40.02	1.551		8
							41.492	38.57	1.637		7
							42.503	38.09	1.686		3
							43.550	37.39	1.702		6
10 006	OΣ 309	17.6	+41 47	8.5	8.7	A5; G	34.525	253.99	0.43		5
							37.616	253.99	0.43		4
10 017	Hu 481	19.1	+23 6	8.0	9.9	F8	41.502	189.23	0.881	0.81	6
10 038	Σ 2047	21.7	+47 45	8.6	9.1	F8	42.554	326.95	2.048		5
10 052	Σ 2054	23.1	+61 48	5.9	7.1	G5	34.543	356.57	1.174	1.08	5
							37.643	355.64	1.245	1.21	5
							41.612	354.94	1.149	1.10	5
10 070	Σ 2049	25.8	+26 6	7.0	8.0	A3	34.525	204.10	1.211	1.16	5
							37.630	203.19	1.247	1.22	4
							41.612	202.39	1.112	1.06	5
10 071	β 813	25.9	+26 39	9.5	9.5	G5	37.616	166.01	1.104	1.05	4
							41.583	166.91	1.166	1.12	3
10 075	Σ 2052	26.7	+18 31	7.8	7.8	K0	34.510	243.03	0.811	0.68	6
							35.520	238.87	0.747	0.62	6
							36.559	236.51	0.740	0.64	8
							37.536	232.68	0.744	0.64	8
							38.562	228.93	0.727	0.63	7
							39.538	224.50	0.706	0.62	9
							40.538	223.67	0.702	0.65	8*
							41.486	217.82	0.712	0.61	8
							42.520	215.09	0.714	0.62	7
							43.518	209.91	0.714	0.61	10
							44.509	206.04	0.56	0.56	2
							46.526	199.45	0.709	0.61	6
10 087	Σ 2055	28.4	+ 2 6	4.0	6.1	A0	34.510	142.14	0.58		6
							35.542	156.76	0.48		6.5
							36.571	171.97	0.44		10
							37.515	184.83	0.43		11
							38.556	199.03	0.42		6
							39.546	209.59	0.42		8
							40.565	224.82	0.44		12(11*)
							41.487	233.74	0.45		9
							42.551	248.79	0.45		11
							43.543	263.56	0.45		13
							44.509	272.61	0.50		2
							45.698	277.24	0.51		7
							46.571	285.55	0.53		10
10 092	Σ 3105	29.1	− 6 56	7.2	7.2	A0	41.510	5.0	0.32		2
10 093	Σ 2059	29.2	+38 10	8.7	8.8	F5	35.607	200.00	0.983	0.90	5
							37.616	198.92	0.959	0.90	4
10 107	β 817	30.4	+23 20	9.4	9.4	F8	35.607	326.02	1.184	1.10	5
10 111	OΣ 313	30.9	+40 13	7.7	8.3	G5	34.522	142.12	1.010	0.92	6
							36.645	142.84	1.040	0.99	6
							41.550	140.93	0.943	0.88	6
10 113	Σ 2061	31.3	+31 1	8.0	10.8	F2	35.607	26.31	2.475	2.44	5
							37.616	26.19	2.610		4
10 129	Σ 2078	35.0	+53 1	5.6	6.6	A2	42.550	109.02	3.339		5

ADS	Stern	α_{1950}	δ_{1950}	m_A	m_B	Sp	1900+	P	ϱ	ϱ_{korr}	n
10 157	Σ 2084	16h39m.4	+31° 41′	3m.0	6m.5	G0	35.539	230°.89	0″.889	0″.79	8
							36.575	219.17	1.019	0.97	11
							37.550	210.44	1.135	1.09	10
							38.588	201.41	1.223	1.18	7
							39.559	191.52	1.128	1.08	9
							40.595	179.33	1.169	1.16	11 (8*)
							41.512	173.13	1.143	1.09	8
							42.544	165.01	1.198	1.15	10
							43.535	156.90	1.171	1.12	9
							45.698	139.60	1.186	1.14	7
							46.563	133.80	1.332	1.32	6
10 169	Σ 2091	40.5	+41 17	8.3	8.8	F0	41.616	309.24	0.926	0.86	5
10 184	Σ 2094	42.1	+23 36	7.4	7.7	F2	33.663	75.15	1.3±		1
							35.607	77.09	1.564	1.53	6
							37.616	77.00	1.438	1.44	4
							41.612	76.10	1.356		5
10 188	Δ 15	42.4	+43 34	9.0	9.0	K5	34.510	182.94	0.887	0.77	6
							35.542	182.37	0.958	0.86	6
							36.555	178.73	0.957	0.90	7
							37.533	178.78	0.979	0.92	7
							38.570	177.26	0.984	0.93	6
							39.541	176.14	1.007	0.96	7
							40.535	173.77	0.946	0.95	7*
							41.535	173.19	1.009	0.96	7
							42.573	171.69	1.075	1.02	11
							43.535	170.52	1.054	1.00	9
							46.546	167.97	1.080	1.03	5
10 230	OΣ 315	48.9	+ 1 18	5.6	7.5	A0	34.525	146.12	1.003	0.90	5
							36.606	142.38	0.838	0.74	6
							37.656	143.24	0.804	0.70	4
							39.571	143.27	0.751	0.65	6
							42.556	139.87	0.762	0.66	10
							43.590	138.92	0.721	0.63	10
10 235	Σ 2107	49.8	+28 45	6.8	8.3	F5	34.510	56.05	1.030	0.94	6
							35.529	57.00	1.057	0.98	6
							36.573	56.85	1.091	1.04	9
							37.544	58.28	1.134	1.08	9
							38.590	59.67	1.118	1.07	9
							39.570	59.81	1.133	1.08	10
							40.539	60.76	1.112	1.11	8*
							41.535	60.35	1.167	1.12	7
							42.554	61.60	1.156	1.11	12
							43.535	62.90	1.147	1.10	9
							45.698	63.99	1.193	1.14	7
							46.575	64.91	1.266	1.23	7
10 270	OΣ 318	54.4	+14 13	7.0	9.6	K0	41.617	246.30	2.672		5
10 277	OΣ 319	55.8	+15 14	8.1	9.1	K0	41.617	62.08	0.884	0.81	5
10 279	Σ 2118	56.2	+65 7	7.0	7.5	F0	34.510	73.20	0.881	0.77	5
							36.554	73.29	0.790	0.69	6
							37.622	73.40	0.833	0.73	7
							38.604	72.71	0.817	0.72	7
							39.600	72.36	0.834	0.73	9
							41.570	72.63	0.893	0.81	7
							42.594	72.69	0.880	0.80	8
							43.577	72.94	0.894	0.80	10
							45.712	70.92	0.838	0.74	4
							46.629	70.75	0.847	0.75	7
10 285	Σ 3107	56.4	+ 4 2	9.2	9.2	G0	34.525	89.68	1.576		5.4
							36.645	88.98	1.519		6
							41.577	87.08	1.530		5
10 312	Σ 2114	59.6	+ 8 31	6.5	7.7	A0	33.645	172.17	1.25		5
							34.509	172.44	1.253	1.18	5
							36.575	171.93	1.349	1.34	7
							37.627	172.14	1.364	1.36	7
							38.592	171.67	1.313	1.29	6
							39.631	171.44	1.289	1.26	8
							41.551	172.95	1.272	1.26	6
							43.586	174.63	1.224	1.21	9
							46.632	175.84	1.237	1.22	7
10 341	β 823	17 4.0	+ 0 43	8.7	9.7	G0	34.514	50.62	1.059	0.95	5
							36.648	56.40	1.201	1.15	5
							37.656	56.83	1.224	1.14	4
							41.640	58.40	1.034	0.98	3

ADS	Stern	α_{1950}	δ_{1950}	m_A	m_B	Sp	1900+	P	ϱ	ϱ_{korr}	n
10 341	β 823 (Forts.)						42.608	58°.33	1″.048	1″.00	4
10 345	Σ 2130	17h4m3	+54° 32′	5m8	5m8	F5	32.856	109.78	2.164	2.18	5
							34.510	107.67	2.381	2.27	5
							35.585	105.95	2.386	2.35	7
							36.554	104.74	2.222		6
							37.622	103.77	2.258		7
							38.618	102.51	2.190		8.7
							39.608	101.29	2.133		10
							40.555	100.62	2.160		9*
							41.589	98.45	2.175		7
							42.585	96.98	2.137		9
							43.567	95.49	2.138		10
							45.707	92.58	2.187		6
							46.635	91.46	2.171		9
10 394	Σ 2135	10.0	+21 17	7.4	8.7	K0	41.633	183.13	7.654		5
—	Kuiper	10.6	+45 47	9.9	10.4	M4	41.673	267.79	0.937	0.75	4
							42.577	257.62	0.970	0.89	9
							43.578	250.42	1.033	0.98	12
10 398	OΣ 325	10.6	+ 7 48	7.0	8.9	F0	35.669	212.52	1.040	0.95	5
							37.656	217.18	0.850	0.75	4
							39.631	217.04	0.886	0.81	8
10 418	Σ 2140	12.4	+14 27	3.5	5.4	Mb	32.641	111.14	4.591		5
							35.567	111.71	4.537	4.50	6
							36.578	111.49	4.670		6
							39.721	110.02	4.644		6
							40.587	110.46	4.698		8 (7*)
							43.619	109.78	4.662		9
							45.704	110.04	4.553		5
10 425	OΣ 327	13.2	+56 11	8.5	8.8	F2	37.590	341.10	0.45		4
							38.622	341.12	0.38		5
							39.626	342.26	0.39		7
							41.676	342.41	0.41		4
							43.619	345.26	0.35		4
10 449	OΣ 328	15.5	+33 9	4.6	10.0	B3	41.664	57.61	4.495		5
10 450	β 629	15.6	+32 8	9.1	9.8	F5	35.669	337.20	1.154	1.07	5
							37.655	336.01	1.117	1.07	3
							41.662	337.24	1.181	1.13	5
10 460	Σ 2153	16.6	+49 21	9.3	9.8	K0	40.556	260.48	1.784		5*
10 465	β 126	17.0	−17 42	6.4	7.5	A0	33.640	259.49	2.014	2.07	4
10 514	Ho 415	21.1	+25 48	9.0	9.7	F5	35.669	335.39	1.223	1.12	5
							41.689	335.03	1.179	1.14	5
10 523	Σ 2163	21.8	+42 12	9.7	9.7	—	40.556	86.83	1.438		5*
10 526	Σ 2161	22.0	+37 11	4.5	5.5	A0	35.574	315.66	3.935	3.90	5
							38.713	315.21	3.906		6
							39.721	315.60	3.852		6
							41.676	315.87	3.934		5
							45.714	315.92	3.910		5
10 540	β 1250	23.0	+30 48	9.0	9.5	—	40.556	82.51	1.758		5*
10 553	Σ 2165	24.3	+29 30	7.8	9.3	F0	41.644	57.09	8.645		5
10 558	Σ 2168	24.9	+35 48	9.2	9.9	F5	35.574	199.77	2.449	2.41	5
10 585	A 351	27.4	+29 26	9.9	10.3	A3	34.543	247.84	0.59		5
							36.606	245.38	0.53		6
							37.648	255.95	0.54		3
							38.634	250.28	0.49		4
							40.588	264.13	0.34		4*
10 598	Σ 2173	27.8	− 1 1	6.0	6.3	G5	34.525	348.12	0.766	0.63	5.4
							35.614	342.49	0.817	0.70	7
							36.592	340.44	0.878	0.79	8
							37.619	338.77	0.954	0.89	6
							38.638	337.40	0.968	0.91	9
							39.640	336.24	1.016	0.97	9
							40.613	333.93	1.090	1.08	8 (6*)
							41.613	335.22	1.154	1.10	7
							42.596	333.40	1.129	1.08	8
							43.615	332.34	1.164	1.11	8
							45.708	330.78	1.164	1.11	7
							46.647	330.05	1.158	1.11	8
10 614	OΣ 331	29.5	+ 2 52	7.9	9.4	B8	34.525	338.92	1.127	1.04	5
							36.606	338.96	1.063	1.01	6
10 669	β 1121	35.1	+12 35	9.1	9.6	F5	34.525	226.55	0.59	0.59	5
							36.648	226.25	0.680	0.59	5
10 696	β 631	37.4	− 0 37	7.4	7.4	A0	34.544	42.33	0.37		5
							36.648	34.90	0.40		5

ADS	Stern	α_{1950}	δ_{1950}	m_A	m_B	Sp	1900+	P	ϱ	ϱ_{korr}	n
10 696	β 631 (Forts.)						37.692	38°37	0″38		4
10 699	Σ 2199	17h37m.7	+55° 47′	7m8	8m4	F5	34.543	78.58	1.901		5
							36.578	75.75	1.811		5
							38.721	75.63	1.838		6
							39.650	75.16	1.782		8
							40.633	76.01	1.865		8 (5*)
							42.592	74.09	1.838		7
							43.622	73.41	1.846		7
							46.647	71.88	1.823		8
10 722	Σ 2203	39.7	+41 41	7.6	7.9	A2	34.525	310.70	0.881	0″76	5
							36.638	311.15	0.851	0.75	7
							42.659	309.52	0.771	0.67	6
							43.637	309.54	0.785	0.69	7
							46.675	308.63	0.725	0.62	7
10 728	Σ 2218	40.0	+63 42	7.1	8.3	F5	34.543	336.64	2.161	2.05	5
							36.578	335.74	1.994		5
							38.717	334.74	1.898		8
							39.650	334.13	1.861		8
							40.720	334.66	1.900		5
							43.622	333.98	1.854		7
							46.647	333.81	1.878		8
10 742	Ho 560	41.6	+33 58	8.6	8.6	F5	34.599	86.29	0.914	0.80	6
							36.602	86.42	0.923	0.85	5
							42.659	85.51	0.980	0.93	6
							46.672	86.70	0.988	0.93	8
10 756	Σ 2206	42.4	+19 1	8.3	9.9	B9	34.599	244.92	1.158	1.07	6
							36.680	246.43	1.218	1.17	5
10 765	Σ 2213	43.0	+31 9	8.0	8.5	F8	41.720	328.49	4.534		5
10 769	Σ 2205	43.5	+17 44	8.5	8.9	K0	34.611	317.01	2.093	2.01	5
							36.589	318.49	1.880		7.6
							37.659	317.55	1.811		5.4
							38.699	316.96	1.798		5
							39.659	318.09	1.858		7
							40.622	318.74	1.789		6 (4*)
							42.652	318.59	1.920		6
							43.629	318.91	1.830		9
							46.672	322.84	1.783		8
10 786	AC 7	44.5	+27 46	10.5	11.0	M5	34.639	20.93	0.956	0.82	6
							35.649	25.31	1.092	1.01	7
							36.607	34.12	1.145	1.08	8
							37.649	39.67	1.244	1.22	6
							38.636	43.99	1.346	1.33	8
							39.657	45.79	1.430		9.7
							40.601	49.02	1.378		8 (6*)
							41.664	50.50	1.519		6
							42.646	53.52	1.574		8
							43.626	55.86	1.634		6
							45.724	60.17	1.485	1.51	6.5
							46.671	64.07	1.606		7
10 795	Σ 2215	44.9	+17 43	5.7	7.7	A0	34.663	279.97	0.831	0.71	6
							36.640	280.66	0.775	0.68	8
							40.591	274.59	0.696	0.65	5*
							40.703	277.56	0.697	0.60	5
							41.635	278.14	0.682	0.59	5
							43.680	278.05	0.742	0.66	6
							45.724	276.86	0.707	0.63	6
							46.675	277.42	0.732	0.63	7
10 827	Σ 2232	48.2	+25 18	6.8	8.3	A2	41.720	139.51	6.364		5
10 849	Σ 2242	49.7	+44 55	8.0	8.0	F0	42.686	325.40	3.475		6
10 850	OΣ 338	49.7	+15 20	7.2	7.5	K0	34.510	4.88	0.874	0.75	5
							36.642	4.28	0.890	0.80	7
							41.635	1.20	0.834	0.73	5
							42.632	2.29	0.791	0.69	8
							43.637	1.57	0.836	0.74	9
							45.725	1.98	0.866	0.78	5
							46.672	2.77	0.856	0.76	8
10 866	AC 8	51.0	+29 41	8.8	8.8	A5	36.610	252.42	0.27		6
							38.440	252.16	0.24		4
10 905	Σ 2245	54.2	+18 20	7.3	7.3	A2	41.635	292.38	2.536		5
10 912	Σ 2244	54.5	+0 4	6.8	7.0	A2	34.646	277.97	0.817	0.69	6
							36.680	279.08	0.752	0.65	5
							42.624	279.08	0.676	0.59	7
10 993	Σ 2264	59.4	+21 36	5.1	5.2	A3; G5	35.574	258.83	6.101	6.06	5

ADS	Stern	α_{1950}	δ_{1950}	m_A	m_B	Sp	1900+	P	ϱ	ϱ_{korr}	n
10 993	Σ 2264 (Forts.)						41.726	258°90	6″254		5
11 001	Σ 2267	18^h 0^m1	+40° 11′	8^m6	8^m6	A3	34.663	244.30	1.038	0″95	6
							36.680	249.09	1.018	0.97	5
							41.612	248.30	0.953	0.90	5
11 005	Σ 2262	0.4	− 8 11	5.3	6.0	F0	32.667	264.48	2.257		5
							33.639	265.93	2.095		6
							34.646	266.59	2.050	1.99	6
							35.615	266.34	2.159	2.12	6
							36.607	266.92	2.039		8
							37.672	266.51	2.059		9
							38.662	266.74	2.091		10.8
							39.649	266.48	2.019		10
							40.695	267.53	2.015		10 (2*)
							41.637	267.24	2.028		8
							42.635	267.78	2.046		10
							43.634	267.85	2.017		10
							45.728	268.29	2.025		7
							46.653	268.56	2.041		7
11 010	β 1127	1.0	+44 14	7.4	9.3	F2	35.661	110.24	1.030	0.95	5
							37.711	107.13	1.120	1.07	4
11 046	Σ 2272	2.9	+ 2 32	4.2	6.2	K0	32.667	122.07	6.740		5
							33.636	121.46	6.485		6
							34.667	119.69	6.786	6.71	6
							35.612	118.97	6.716	6.68	7
							36.607	118.62	6.745		8
							37.683	117.16	6.744		10
							38.662	116.28	6.730		10
							39.649	115.58	6.698		10
							40.695	114.63	6.695		10 (2*)
							41.637	113.53	6.609		8
							42.635	112.84	6.602		10
							43.634	111.83	6.516		10
							45.728	110.12	6.293		7
							46.660	109.63	6.261		8
11 060	OΣ 341	3.7	+21 26	7.2	8.5	G0	35.641	93.88	0.33		5
							38.70	rund			2
							40.738	85.51	0.30		5
							41.662	89.00	0.36		6
							42.637	88.39	0.41		7
							43.657	90.01	0.42		5
11 074	Σ 2282	4.9	+40 21	7.4	8.4	A0	39.651	85.23	2.543		8
							43.674	84.60	2.577		6
—	Nova DQ Her	6.1	+45 51	var.		—	36.596	130.26	0.37		9
							37.647	130.72	0.63		3
							38.703	126.42	0.993	0.94	1
11 110	Σ 2283	7.1	+ 6 8	8.1	8.6	F5	34.663	75.95	0.916	0.81	6
							36.686	75.69	0.964	0.91	6
							37.723	73.94	0.945	0.88	6
11 111	Σ 2281	7.1	+ 3 59	5.9	7.4	F2	34.667	60.51	0.769	0.64	6
							35.615	61.07	0.786	0.66	6
							36.630	61.95	0.727	0.63	7
							37.723	61.08	0.647	0.55	6
							38.676	59.81	0.653	0.56	9
							39.671	55.96	0.655	0.56	8
							40.747	56.83	0.672	0.59	6
							41.646	54.18	0.660	0.56	6
							42.681	52.69	0.673	0.56	7
							46.691	48.73	0.45	0.45	9
11 123	Σ 2289	7.9	+16 28	6.5	7.6	F2; A0	33.663	227.89	1.10	1.10	1
							34.663	226.97	1.258	1.21	6
							36.689	226.74	1.225	1.18	5
							43.679	225.72	1.159	1.11	7
11 155	Σ 2292	10.1	+27 38	8.7	8.8	A2	34.668	266.65	1.133	1.04	6
							36.689	266.95	1.222	1.17	5
11 186	Σ 2294	12.0	+ 0 10	8.5	8.8	F2	34.668	96.92	0.850	0.71	6
							35.687	93.10	0.898	0.79	5
							36.652	94.69	0.860	0.77	6
							37.773	96.22	0.852	0.75	5
							38.695	98.10	0.855	0.77	8
							39.671	96.93	0.833	0.74	8
							40.747	98.06	0.906	0.83	6
							42.681	95.86	0.931	0.86	7
11 262	Σ 2303	17.4	− 8 2	6.6	9.1	F5	35.699	227.86	2.218	2.18	4

ADS	Stern	α_{1950}	δ_{1950}	m_A	m_B	Sp	1900+	P	ϱ	ϱ_{korr}	n
11 262	Σ 2303 (Forts.)						37.765	229°63	2″328		4
							43.683	231.68	2.296		8
11 334	Σ 2315	18h23m0	+27°22′	6m6	7m6	A0	34.577	153.33	0.39		6
							35.717	150.91	0.44		5
							36.639	152.37	0.496	0″40	7
							37.694	153.11	0.481	0.44	7
							38.672	151.46	0.46		5
							39.672	150.43	0.45		7
							40.732	148.99	0.43		7
							41.712	148.02	0.558	0.47	6
							42.638	147.23	0.49		9
							43.644	146.48	0.47		9
							45.725	145.11	0.48		5
							46.689	143.77	0.49		10
11 336	Σ 2323	23.2	+58 46	4.9	7.9	A2	42.688	354.31	3.710		7
11 344	OΣ 351	24.0	+48 44	7.5	8.7	G5	40.638	18.99	0.695	0.62	7 (4*)
	Hu 66			8.2	8.4	G5	40.638	282.20	0.31		7 (4*)
11 353	Σ 2316	24.6	+ 0 10	5.4	7.7	A0; G	41.724	317.27	3.741		6
11 373	Σ 2320	25.7	+24 40	7.0	8.9	B9	41.724	2.21	1.461		6
11 410	Σ 2324	28.4	+ 1 21	8.4	8.7	B8	41.724	143.77	2.338		6
11 432	OΣ 354	29.6	+ 6 45	7.8	8.6	F5	34.670	183.13	0.949	0.79	6
							36.682	177.91	0.866	0.78	4
							42.684	179.57	0.841	0.74	5
11 454	Σ 2339	31.6	+17 42	7.4	8.2	F5	41.724	271.77	2.114		6
11 483	OΣ 358	33.6	+16 56	6.7	7.1	G0	33.663	179.02	1.742	1.82	1
							34.670	182.18	2.011	1.96	6
							35.717	180.66	2.069	2.03	5
							36.606	179.98	1.957		6
							38.715	179.31	1.890		7
							39.684	179.05	1.903		7
							40.736	178.48	1.972		8
							41.713	178.01	1.890		5
							42.624	177.92	1.968		7
							43.653	177.81	1.894		9
							45.739	177.47	1.964		7
							46.680	177.40	1.926		9
11 484	OΣ 357	33.6	+11 41	8.1	8.2	A2	36.630	178.6	0.24		4
							38.715	190.5	0.20		3
							40.771	181.6	0.25		3
							41.702	182.7	0.24		2
							46.647	170.7	0.26		2
11 500	Σ 2351	34.6	+41 14	7.6	7.6	A0	41.724	340.00	5.129		6
11 529	Σ 2356	36.4	+28 39	8.4	9.4	F0	34.668	58.84	1.157	1.06	6
							36.682	57.52	1.204	1.15	4
							38.795	58.51	1.160	1.11	6
11 530	Ho 87	36.4	+16 30	8.3	8.3	G5	34.681	312.12	0.38		6
							38.715	316.23	0.39		7
							40.775	318.77	0.34		7
							41.750	322.30	0.37		4
							42.681	324.41	0.36		4
							43.723	323.38	0.37		5
							46.714	334.28	0.36		7
11 546	Σ 2360	37.2	+20 53	7.8	9.0	B8	41.724	358.53	2.463		6
11 558	Σ 2368	37.7	+52 18	7.5	7.7	A3; F2	42.693	324.30	1.915		8
11 568	Σ 2384	38.5	+67 4	8.6	9.1	G5	42.693	308.45	1.096	1.05	6
11 579	Σ 2367	39.4	+30 15	7.4	7.9	G5	34.678	66.44	0.45		6
							36.639	68.12	0.516	0.42	7
							37.739	70.36	0.534	0.47	5
							38.696	68.69	0.46		4
							39.693	68.08	0.44		7
							42.693	67.93	0.45		6
11 617	Σ 2369	41.4	+ 2 34	8.2	8.7	G0	34.674	87.72	0.989	0.88	6
							36.682	88.92	0.844	0.74	4
							42.686	84.81	0.889	0.81	6
11 632	Σ 2398	42.5	+59 30	9.3	9.8	K5	34.690	156.88	16.480		7
							35.680	157.06	16.443		7
							36.650	157.30	16.471		7
							37.741	157.68	16.422		10
							38.689	157.55	16.325		13
							39.692	157.67	16.299		9
							40.654	158.16	16.226		8 (4*)
							41.698	157.80	16.254		8
							42.647	157.90	16.212		10

ADS	Stern	α_{1950}	δ_{1950}	m_A	m_B	Sp	1900+	P	ϱ	ϱ_{korr}	n
11 632	Σ 2398 (Forts.)						43.646	158°.21	16″.175		11
							46.682	159.19	15.986		10
11 635	Σ 2382	18h42m.7	+39° 37′	5m.1	6m.0	A 3	32.856	5.68	3.053		5
							34.682	5.47	3.068	2″.99	6
							35.773	4.90	2.990	2.95	6
							36.681	5.20	2.872		7
							37.685	4.78	2.907		8
							38.723	4.57	2.846		9
							39.713	3.96	2.845		8
							40.712	4.29	2.830		7
							41.748	4.12	2.796		7
							42.678	4.05	2.849		10
							43.648	3.69	2.782		10
							45.739	3.14	2.815		7
							46.691	3.07	2.868		10
	Σ 2383			5.1	5.4	A 5	32.856	112.23	2.381		5
							34.682	113.23	2.269	2.19	6
							35.773	111.02	2.326	2.29	6
							36.681	111.04	2.197		7
							37.685	110.75	2.210		8
							38.723	110.07	2.183		9
							39.713	109.77	2.181		8
							40.712	109.51	2.187		7
							41.748	108.58	2.237		7
							42.678	107.78	2.225		10
							43.648	107.59	2.205		10
							45.739	106.57	2.225		7
							46.691	106.65	2.209		10
11 640	Σ 2375	43.0	+ 5 27	6.3	6.7	A 0	35.703	116.91	2.498	2.46	5
							37.780	116.40	2.415		5
							41.797	117.56	2.382		5
							45.739	116.45	2.461		7.6
11 661	Σ 2403	43.7	+61 0	6.3	9.1	K 0	36.685	264.69	1.443		3
							37.752	263.83	1.406		6
							41.791	264.26	1.307		4
							42.706	265.72	1.385		4
11 722	Σ 2402	47.4	+10 37	8.6	9.0	A 3	35.703	206.99	1.191	1.12	5
							37.771	206.46	1.098	1.05	4
11 735	β 265	47.9	+11 28	7.2	9.2	A 0	35.703	228.36	1.314	1.26	5
							38.795	228.43	1.311	1.29	6
11 750	Σ 2404	48.4	+10 55	6.9	8.1	K 2	42.693	181.15	3.616		6
11 763	Σ 2409	49.4	+13 27	8.1	9.4	G 5	42.688	29.00	1.149	1.10	5
11 811	β 137	52.2	+37 19	8.2	8.7	G 0	35.703	143.63	1.478	1.45	5.4
							38.723	144.21	1.441		7
							41.787	143.20	1.454		4
							42.706	144.73	1.430		4
11 869	Σ 2422	55.1	+26 2	8.0	8.1	A 0	34.692	87.56	0.850	0.71	6
							37.780	88.15	0.856	0.76	5
							41.787	84.24	0.828	0.75	4
							42.703	83.83	0.852	0.77	3
11 871	β 648	55.2	+32 50	5.3	7.5	G 0	34.711	340.2	1.0±	1.0	1
							35.718	332.99	0.915	0.82	7
							36.662	325.46	0.799	0.71	7
							37.725	316.89	0.676	0.58	10
							38.645	313.36	0.740	0.64	9
							39.675	305.85	0.731	0.63	9
							40.704	298.43	0.758	0.67	13(4*)
							41.658	290.69	0.725	0.63	9
							42.656	283.29	0.812	0.71	11
							43.649	276.22	0.823	0.73	12
							45.744	264.31	0.876	0.78	9
							46.691	258.76	0.992	0.94	13
11 897	Σ 2438	56.6	+58 9	6.8	7.4	A 2	34.708	14.17	0.759	0.62	6
							36.637	13.01	0.742	0.64	6
							37.753	11.44	0.753	0.65	6
							38.733	10.49	0.701	0.60	6
							39.686	9.96	0.695	0.59	8
							40.692	9.63	0.762	0.69	8 (3*)
							41.694	9.43	0.809	0.71	5
							42.645	10.04	0.707	0.62	7
							46.676	7.93	0.792	0.71	9

ADS	Stern	α_{1950}	δ_{1950}	m_A	m_B	Sp	1900+	P	ϱ	ϱ_{korr}	n
11 956	Σ 2437	$18^h59^m.7$	$+19°\ 6'$	$8^m.1$	$8^m.3$	G5	34.707	47°.07	0".800	0".66	6
							36.629	45.96	0.877	0.79	6
							40.771	43.15	0.824	0.73	8
							42.683	45.13	0.770	0.67	6
							43.742	44.52	0.835	0.73	7
12 002	Σ 2448	19 1.9	+35 40	8.4	8.4	A3	42.693	191.21	2.476		6
12 040	Σ 2454	4.2	+30 22	8.5	9.7	K0	34.696	263.78	1.146	1.04	6
							36.652	264.39	1.162	1.11	6
							38.681	265.65	1.043	0.99	7
							40.779	264.66	1.102	1.05	8
							41.708	266.71	1.096	1.05	6
							42.748	266.74	1.094	1.04	6
							43.720	266.60	1.088	1.04	9
							46.712	267.85	1.136	1.09	12
12 061	Σ 2461	5.5	+32 25	5.1	9.2	F0	36.640	304.82	3.693		6
							38.732	303.99	3.734		6
12 075	Σ 2469	6.1	+38 51	7.8	8.9	A3	42.733	124.37	1.471		6
12 104	Σ 2479	7.3	+55 15	7.4	9.4	A3	40.763	30.89	6.707		6
	Δ 19			7.4	10.4		34.707	5.96	0.981	0.88	6
							37.796	3.27	0.856	0.76	7
							38.644	2.90	0.838	0.74	4
							40.730	4.30	0.851	0.77	6 (1*)
							43.756	3.08	0.815	0.73	7
							46.738	4.25	0.881	0.80	8
12 113	OΣ 369	7.8	+72 0	7.6	7.9	F8	42.770	27.00	0.819	0.72	6
12 145	Σ 2481	9.5	+38 42	8.2	8.2	G5	34.729	214.36	4.330	4.26	6
							35.699	213.82	4.390	4.35	5
							36.695	213.31	4.365		6
							37.805	212.34	4.321		5
							38.673	213.11	4.342		6
							39.710	212.67	4.282		7
							40.758	212.44	4.308		6
							41.681	212.26	4.394		4
							46.739	211.04	4.329		5
	Se 2			8.9	8.9		34.726	78.04	0.546	0.46	7
							35.714	73.93	0.521	0.46	6
							36.664	73.92	0.548	0.45	8
							37.753	74.61	0.41		9
							38.698	72.44	0.38		8
							39.688	68.07	0.37		7
							40.734	62.90	0.33		7 (1*)
							41.681	58.61	0.32		7
							42.665	55.89	0.28		4
							43.763	52.61	0.26		7
							46.739	48.0	0.2		3
12 228	Σ 2488	13.3	+19 57	8.4	9.6	G5	36.054	335.64	1.619	1.59	6
							38.723	335.79	1.606		7
							41.687	336.62	1.582		5
12 236	OΣ 368	13.8	+16 4	7.3	8.5	F0	42.770	217.79	0.968	0.90	6
12 239	OΣ 371	13.9	+27 22	7.0	7.1	B9	42.733	156.37	0.914	0.85	6
12 246	Σ 2491	14.2	+28 11	8.4	9.7	A2	36.054	220.23	1.222	1.17	6
							38.726	221.90	1.253	1.22	6
							41.687	221.56	1.206	1.17	5
12 296	Σ 2509	16.4	+63 7	7.2	8.3	F5	34.709	335.04	1.423	1.39	6
							37.782	333.40	1.456	1.43	5
							38.726	333.18	1.399		5
							41.727	332.26	1.437		5
							43.807	333.18	1.461		6
							46.740	333.67	1.432		6
12 366	β 1129	20.4	+52 17	7.6	7.6	A5	46.740	321.45	0.30		5
12 412	OΣ 373	22.6	+46 20	7.4	10.3	A0	42.733	225.52	1.846		6
12 447	Σ 2525	24.5	+27 13	8.4	8.6	F8	34.696	300.40	1.235	1.14	6
							35.668	300.28	1.332	1.29	6
							36.621	300.29	1.329	1.32	8
							37.756	299.87	1.329	1.32	7
							38.669	299.71	1.361		6
							39.691	299.00	1.330	1.31	9
							40.764	298.86	1.395	1.39	10
							41.698	298.33	1.384		7
							42.678	298.39	1.391		8
							43.720	298.11	1.420		11
							45.762	297.71	1.475		8
							46.692	298.82	1.525		10

ADS	Stern	α_{1950}	δ_{1950}	m_A	m_B	Sp	1900+	P	ϱ	ϱ_{korr}	n
12 451	Σ 2523	19h24m6	+21° 3′	8m4	8m5	B8	42.741	147°70	6″448		6
12 524	Σ 2550	27.9	+73 16	8.4	8.4	F2	42.693	248.47	1.925		6
12 557	Σ 2536	29.4	+17 41	8.4	11.4	—	36.694	87.97	1.964		5.4
							38.475	89.50	1.996		4
							39.714	91.68	1.936		4
							40.669	91.85	1.902		3 (1*)
							42.658	91.75	1.987		5
							43.832	93.86	1.906		4
							46.739	93.72	1.877		5
12 594	Σ 2540	31.1	+20 18	7.4	8.9	A3	42.741	146.13	5.243		6
12 623	OΣ 375	32.4	+18 1	7.5	8.7	G5	34.728	160.32	0.768	0″61	6
							36.640	159.85	0.762	0.66	7
							41.751	162.18	0.734	0.63	5
							42.663	163.54	0.730	0.63	6
							43.810	161.76	0.750	0.65	8
							46.740	164.15	0.737	0.64	6.5
12 626	Σ 2553	32.7	+61 57	8.3	9.1	G0	34.709	110.14	1.077	0.98	6
							38.577	110.06	1.108	1.06	6
							40.796	106.27	1.040	0.99	5
12 667	OΣ 377	34.4	+35 32	9.3	9.4	A	34.742	39.86	0.999	0.91	4
							35.715	35.98	1.057	0.98	5
							38.796	37.05	0.997	0.95	6
							41.751	35.14	1.047	1.00	5
12 679	Σ 2544	34.7	+ 8 12	8.5	10.2	A3	34.742	200.36	1.055	1.03	4
							35.751	199.75	1.214	1.14	5
							38.658	198.03	1.021	0.97	7
							41.751	198.54	1.085	1.03	5
12 687	OΣ 378	34.9	+40 54	8.2	9.2	A0	42.733	285.52	1.391		6
12 690	Kü 2	35.0	+71 30	6.9	8.9	F2	38.658	261.47	0.943	0.87	5
							41.741	258.91	0.920	0.85	5
							46.740	255.33	0.910	0.83	6
12 708	β 249	35.8	+ 0 14	7.5	9.6	A2	42.770	129.47	1.090	1.04	6
12 715	Σ 2545	36.0	−10 16	6.8	8.7	A5	42.693	321.95	3.710		6
12 746	Hu 953	37.1	+35 7	8.7	9.1	G0	42.770	190.75	0.918	0.85	6
12 752	Σ 2556	37.3	+22 8	7.7	8.2	F2	34.728	98.52	0.30		6
							36.664	96.52	0.39		6
							38.584	92.63	0.34		6
							39.691	91.96	0.34		6
							40.796	91.64	0.36		5
							41.694	87.19	0.35		5
							42.686	87.92	0.36		9
							43.777	84.84	0.37		10
							45.763	81.31	0.36		9
							46.723	79.58	0.36		10
12 798	OΣ 382	39.8	+27 16	7.3	7.8	B8	42.770	344.79	0.39		6
12 803	Σ 2574	40.0	+62 33	8.0	8.0	F5	38.428	185.2	0.27		3
							46.740	206.86	0.27		6
12 808	OΣ 380	40.2	+11 42	5.6	6.8	F5; A3	42.736	73.95	0.596	0.55	6
12 831	OΣ 383	41.2	+40 36	7.0	8.5	A0	42.770	18.83	0.864	0.77	6
12 851	OΣ 384	42.0	+38 12	7.6	7.9	B8	42.736	195.00	0.986	0.94	6
12 880	Σ 2579	43.4	+45 0	3.0	7.9	A0	34.705	264.36	2.047	1.98	7
							35.690	263.62	2.091	2.05	8
							36.673	263.41	1.982		8
							37.789	262.48	1.998		8
							38.720	261.63	1.997		7
							39.694	260.51	2.003		10
							40.772	259.24	2.036		11
							41.709	258.53	2.024		8
							42.683	258.50	2.078		10
							43.722	257.64	2.065		11
							45.756	255.87	2.043		9
							46.684	256.05	2.076		9
12 889	Σ 2576	43.6	+33 30	8.2	8.2	K0	34.706	248.01	1.113	1.02	7
							35.667	245.03	1.089	1.01	8
							36.617	241.24	0.983	0.93	13
							37.738	236.55	0.877	0.80	10
							38.691	229.86	0.824	0.73	8
							39.694	221.14	0.750	0.65	10
							40.748	210.89	0.663	0.59	13 (2*)
							41.713	199.42	0.645	0.49	9
							42.689	184.55	0.46		15
							43.730	168.38	0.44		17
							45.758	129.42	0.43		10

ADS	Stern	α_{1950}	δ_{1950}	m_A	m_B	Sp	1900+	P	ϱ	ϱ_{korr}	n
12 889	Σ 2576 (Forts.)						46.708	113°96	0″47		15
12 962	Σ 2583	19^h46^m4	+11° 41′	6^m1	6^m9	F2; A2	32.856	112.15	1.428	1″51	5
							38.685	112.74	1.440		8
							41.727	111.51	1.456		5
12 965	OΣ 386	46.5	+37 2	8.2	8.5	A2	42.770	73.06	1.016	0.97	6
12 972	OΣ 387	46.8	+35 11	6.9	7.9	F5	34.728	273.78	0.620	0.55	6
							35.804	271.07	0.707	0.57	5
							36.722	269.96	0.564	0.51	8
							37.784	266.63	0.598	0.53	7
							38.749	265.62	0.574	0.52	10
							39.704	262.31	0.46		7
							40.777	259.15	0.49		10
							41.725	256.17	0.45		7
							42.678	252.69	0.46		9
							43.760	249.31	0.44		12
							45.758	244.90	0.45		10
							46.711	240.74	0.45		12
13 007	Σ 2603	48.3	+70 8	4.0	7.6	K0	40.762	9.93	3.038		6
							43.841	10.70	3.004		5
							46.731	11.18	3.059		10
13 050	OΣ 388	50.2	+25 44	8.2	8.2	A0	42.736	137.56	3.824		6
13 055	Ho 580	50.4	+22 19	8.7	8.8	A	42.761	271.76	0.819	0.73	5
13 082	Σ 2596	51.7	+15 10	7.3	8.7	F8	36.780	320.07	2.047		5
							38.740	319.19	1.992		5
							39.892	319.04	1.991		4
							40.807	319.14	2.040		6
							43.841	318.87	2.131		5
							45.768	318.31	2.003		7
							46.711	317.73	2.063		4
13 104	Σ 2597	52.6	− 6 52	6.8	7.9	F2	42.693	87.72	0.916	0.84	6
							46.730	87.34	0.969	0.91	9
13 125	Ho 581	53.3	+41 44	7.9	8.4	K0	43.839	63.48	0.33		1
							45.768	72.36	0.34		7
							46.731	81.56	0.35		10
13 148	Σ 2605	54.4	+52 18	4.9	7.4	A3	42.693	179.40	3.258		6
13 176	AC 16	55.8	+27 7	8.5	9.0	A0	42.761	230.48	0.45		5
13 178	AC 12	55.8	− 2 22	7.5	8.3	F5	42.686	309.45	1.211	1.16	6
							46.731	309.62	1.294	1.28	9
13 186	Σ 2607	56.2	+42 7	6.7	8.5	A2	42.686	289.03	3.068		6
							45.768	289.70	2.922		7
							46.732	288.64	2.998		6
13 196	Σ 2606	56.6	+33 8	7.6	8.3	A5	42.693	138.19	1.142	1.09	6
13 198	Σ 2609	56.8	+37 58	6.6	7.7	B5	41.828	24.71	2.092		5
13 256	Σ 2613	59.0	+10 36	7.6	7.8	F2	32.856	351.15	4.335		5.4
							38.653	350.85	4.148		6
							46.732	351.62	4.176		9
13 259	H I 93	59.1	− 0 20	7.5	8.1	A0	42.737	295.93	2.047		6
13 277	OΣ 395	59.9	+24 48	5.9	6.3	F0	34.704	110.21	0.862	0.73	6
							36.697	110.77	0.853	0.76	8
							37.770	111.00	0.827	0.73	5
							38.734	111.59	0.849	0.75	7
							39.707	111.35	0.811	0.71	8
							40.796	111.41	0.840	0.74	7
							42.720	112.04	0.831	0.73	8
							46.731	113.11	0.908	0.84	10
13 312	Σ 2624	20 1.6	+35 53	7.2	7.8	Oe	41.828	173.77	1.996		5
13 329	Σ 2626	2.2	+30 24	8.8	9.0	A3	42.770	125.66	1.121	1.07	6
13 384	β 428	4.4	+12 48	7.5	8.8	F2	34.728	353.50	0.918	0.83	6
							38.740	352.92	0.891	0.82	5
							39.890	351.05	0.850	0.75	3
							40.784	350.96	0.827	0.73	6
							43.857	353.91	0.744	0.64	2
13 392	Σ 2642	4.9	+63 33	9.6	9.6	G0	42.737	176.60	2.096		6
13 447	Σ 2645	8.1	+51 32	8.5	8.8	A0	42.773	136.00	1.609		5
13 449	Σ 2652	8.2	+61 56	7.2	7.5	A0	43.857	245.06	0.30		2
							46.744	251.52	0.30		1
13 461	OΣ 400	8.6	+43 48	7.5	8.5	G5	34.728	325.71	0.813	0.67	6
							35.809	323.42	0.824	0.70	5
							36.714	324.81	0.734	0.63	9
							37.783	324.98	0.716	0.62	7
							38.738	323.61	0.697	0.60	10
							39.707	323.68	0.729	0.63	8

ADS	Stern	α_{1950}	δ_{1950}	m_A	m_B	Sp	1900+	P	ϱ	ϱkorr	n
13 461	OΣ 400 (Forts.)						40.805	322°33	0″720	0″62	9
							41.734	320.80	0.709	0.61	6
							42.692	320.04	0.711	0.61	8
							43.782	319.44	0.752	0.65	5
							45.756	317.73	0.695	0.61	9
							46.729	316.24	0.672	0.58	7
13 506	Σ 2644	20^h10^m0	+0°43′	6^m8	7^m1	A0	41.834	208.39	3.053		5
13 542	Σ 2651	11.4	+16 0	8.4	8.4	F8	42.731	278.80	1.429		5
13 572	OΣ 403	12.6	+41 57	7.1	7.3	B8	42.778	172.12	0.883	0.80	6
13 649	β 984	15.5	+26 13	9.0	9.3	F8	41.786	225.26	0.823	0.72	7
13 672	Σ 2666	16.4	+40 35	6.0	8.2	B2p	42.761	244.84	2.725		6
13 682	OΣ 405	16.8	+33 6	8.4	9.4	A0	42.761	151.40	0.876	0.79	5
13 692	Σ 2671	17.2	+55 14	6.0	7.4	A0	41.834	338.14	3.355		5
13 723	OΣ 406	18.2	+45 12	7.4	8.3	F5	39.709	134.50	0.41		7
							40.808	132.36	0.43		8
							41.725	132.82	0.43		7
							42.692	131.66	0.46		7
							43.782	131.64	0.48		8
							45.756	130.48	0.48		9
							46.730	129.27	0.49		9
13 750	Σ 2672	19.4	+23 36	9.5	9.6	F8	35.108	305.34	0.933	0.85	6
							38.588	306.90	0.875	0.78	6
							39.890	308.57	0.955	0.90	3
							40.831	306.89	0.875	0.79	6
13 847	Δ 22	23.7	+39 56	8.0	9.1	G5	42.749	148.53	2.849		6
13 894	A 610	26.6	+ 6 59	9.2	9.4	G0	41.782	239.88	0.46		5
13 920	β 63	27.9	+10 44	6.1	8.1	A0	42.766	347.21	0.920	0.85	6
13 946	OΣ 407	28.8	+11 5	8.0	8.1	A0	42.761	219.68	0.35		5
13 964	Σ 2695	29.8	+25 38	6.5	8.3	A2; G	41.835	79.35	0.824	0.72	5
13 986	β 670	30.6	+13 46	8.9	9.2	—	41.782	28.70	0.844	0.66	5
13 997	Σ 2696	31.0	+ 5 16	8.2	8.6	A2	38.740	300.70	0.742	0.64	5
							39.890	298.82	0.794	0.71	3
							40.826	299.90	0.771	0.67	6
							43.841	301.64	0.767	0.67	5
14 073	β 151	35.2	+14 25	4.1	5.1	F5	36.737	179.10	0.22		5
							37.794	199.57	0.24		3
							38.730	220.83	0.18		4
							39.714	243.28	0.19		4
							40.793	268.83	0.20		3
							41.705	292.77	0.22		3
							42.698	315.71	0.30		4
							43.788	329.42	0.41		9
							45.756	338.38	0.50		9
							46.731	345.18	0.633	0.53	10
14 078	Σ 2705	35.8	+33 11	7.4	8.4	K0	41.834	261.78	3.073		5
14 124	Σ 2711	37.5	+30 20	8.0	9.0	A0	42.745	220.67	2.403		6
14 126	OΣ 410	37.7	+40 24	6.5	6.8	B8	34.704	14.90	0.852	0.73	6
							35.795	8.60	0.836	0.71	5
							36.703	10.62	0.830	0.74	7
							38.737	10.35	0.792	0.69	5
							40.805	9.90	0.826	0.73	7
							43.792	9.79	0.819	0.72	10
14 158	Σ 2716	39.0	+32 8	5.9	8.0	K0	41.834	47.05	2.724		5
14 196	β 152	41.0	+57 12	7.3	8.1	A3	39.714	91.52	0.915	0.84	7
							43.852	91.11	0.949	0.89	6
14 233	Σ 2723	42.5	+12 8	6.9	8.7	A0	34.742	109.57	1.444	1.42	4
							35.795	110.12	1.472	1.44	5
							38.691	110.90	1.293	1.27	7
							39.714	111.07	1.291	1.27	7
							41.783	110.91	1.258	1.23	5
14 270	Σ 2725	43.9	+15 43	7.5	8.2	K0	32.856	3.80	5.357		5.4
							37.769	5.84	5.552		5
							39.890	5.82	5.566		3
							40.865	5.82	5.560		6
14 279	Σ 2727	44.4	+15 57	4.5	5.5	G5	42.831	269.50	10.254		4
14 296	OΣ 413	45.5	+36 18	4.8	6.1	B5	34.708	36.27	0.894	0.78	6
							35.795	37.57	0.871	0.76	5
							36.714	39.01	0.802	0.70	9
							37.784	38.89	0.851	0.76	7
							38.782	38.20	0.800	0.70	11
							39.727	37.29	0.796	0.70	10
							40.838	36.16	0.835	0.74	11

ADS	Stern	α_{1950}	δ_{1950}	m_A	m_B	Sp	1900+	P	ϱ	ϱkorr	n
14 296	OΣ 413 (Forts.)						41.764	35°50	0″851	0″76	9
							42.708	34.43	0.839	0.74	10
							43.824	33.66	0.867	0.77	9
							45.756	32.65	0.861	0.77	9
							46.731	32.45	0.880	0.79	10
14 306	β 268	20h45m9	+41°53′	7m7	8m6	A0	42.751	208.34	0.51	—	6
14 312	β 66	46.0	+27 16	8.5	9.0	F0	42.751	162.06	1.242	1.19	6
14 359	Σ 2730	48.6	+ 6 12	8.6	8.7	K0	41.836	333.63	3.375		5
14 360	Σ 2729	48.8	− 5 49	6.3	7.6	F2	34.732	348.97	1.014	0.92	6
							35.795	345.48	1.100	1.02	5
							36.754	349.00	0.941	0.88	6
							37.802	353.21	1.030	0.98	4
							38.767	353.34	1.071	1.02	9
							39.722	354.46	0.945	0.87	7
							40.815	355.46	1.076	1.03	7
							41.806	356.22	1.041	0.98	7
							42.721	356.72	1.010	0.96	7
							43.812	357.11	1.053	1.00	7
							45.762	357.72	1.081	1.03	8
							46.737	359.03	1.243	1.20	6
14 397	OΣ 417	51.0	+28 57	8.2	8.8	A0	42.751	29.40	0.844	0.74	6
14 421	OΣ 418	52.8	+32 31	8.1	8.2	G0	36.761	287.94	1.292	1.26	6
							38.719	287.54	1.202	1.16	9
							39.890	287.62	1.237	1.19	3
							40.875	287.92	1.191	1.15	8
							43.852	287.50	1.222	1.18	6
							46.728	288.07	1.226	1.18	10
14 430	Σ 2735	53.2	+ 4 20	6.3	7.8	G0	41.836	284.60	2.024		5
14 493	A 756	56.4	+58 38	8.0	8.9	A0	42.761	221.29	0.53		5
14 499	Σ 2737 AB	56.6	+ 4 6	5.8	6.3	F5	34.732	278.64	0.25		6
							36.725	285.72	0.40		5
							37.792	286.77	0.41		2
							38.756	285.86	0.47		6
							39.722	284.82	0.50		7
							40.815	286.29	0.553	0.49	7
							41.833	286.83	0.579	0.50	7
							42.750	287.51	0.633	0.54	7
							43.824	286.55	0.690	0.59	8
							45.766	286.80	0.750	0.66	9
							46.733	287.22	0.792	0.69	7
	$\frac{AB}{2}$ C				7.2		40.824	71.44	10.703		5
14 504	Σ 2741	56.9	+50 16	5.8	7.1	B8	32.920	26.45	1.732	1.81	5
							38.691	27.93	1.854	1.85	7
							41.784	27.96	1.890		6
14 556	Σ 2742	59.8	+ 6 59	7.4	7.4	F8	41.836	219.19	2.769		5
14 558	Σ 2746	59.9	+39 4	8.0	8.6	F0	34.742	304.10	1.188	1.10	4
							35.795	303.16	1.249	1.17	5
							38.825	305.31	1.121	1.07	6
							39.722	304.80	1.140	1.09	7
							41.785	305.92	1.191	1.14	5
							43.852	306.67	1.158	1.11	6
							46.728	307.99	1.158	1.11	10
14 570	β 69	21 0.4	+21 30	8.3	9.1	F0	42.777	324.33	0.823	0.72	6
14 573	Σ 2744	0.5	+ 1 20	6.7	7.2	F5	32.890	145.71	1.640	1.56	5.4
							34.742	147.57	1.714	1.69	4
							35.795	147.16	1.629	1.60	5
							36.850	144.36	1.561		5
							37.824	145.58	1.495		4
							38.756	146.35	1.539		8
							39.741	146.24	1.484		8
							40.819	144.44	1.486		8
							41.829	145.42	1.488		6
							42.750	143.85	1.473		8
							43.829	143.42	1.500		9
							45.784	141.88	1.548		8
							46.729	143.72	1.506		9
14 575	Σ 2751	0.7	+56 28	6.1	7.1	B9	41.843	351.50	1.587		5
14 602	Se 3	2.2	+ 3 20	10.3	10.3	—	39.743	174.52	0.80	•	7
	Σ 2749			8.4	9.6	G0	39.743	164.06	3.581		7
14 636	Σ 2758	4.4	+38 28	5.6	6.3	K5	32.870	135.16	24.999		5
							34.715	135.84	25.308		8
							35.817	136.12	25.442		8

ADS	Stern	α_{1950}	δ_{1950}	m_A	m_B	Sp	1900+	P	ϱ	ϱ_{korr}	n
14 636	Σ 2758 (Forts.)						36.804	136°.46	25″.565		8
							37.810	136.73	25.652		10.9
							38.786	136.83	25.771		12
							39.757	137.27	25.846		10
							40.844	137.31	25.958		12
							41.815	137.79	26.043		9
							42.746	137.86	26.125		10
							43.829	138.22	26.183		9
							46.730	138.99	26.498		11
14 682	Σ 2762	21h6m5	+ 30° 0′	5m7	7m7	A0	41.843	308.06	3.421		5
14 708	Σ 2767	8.2	+ 19 45	8.1	8.5	F5	41.843	30.26	2.576		5
14 715	Σ 2765	8.6	+ 9 21	8.4	8.6	A3	41.843	82.19	2.850		5
14 720	β 159	8.8	+ 47 29	6.4	9.5	B5	42.777	312.33	1.315	1″30	6
14 749	Σ 2780	10.5	+ 59 47	6.0	7.0	B2	41.855	218.63	1.068	1.02	6
14 773	OΣ 535	12.0	+ 9 48	5.3	5.4	F5	40.795	rund			1
							43.833	25.67	0.31		3
							45.789	12.5	0.20		3
14 783	H I 48	12.7	+ 64 12	7.1	7.3	G0	36.889	241.14	0.772	0.67	4
							38.827	245.04	0.851	0.76	5
							41.871	243.91	0.933	0.87	5
14 784	Σ 2783	12.7	+ 58 5	7.8	7.8	A0	37.092	20.28	0.928	0.87	5.4
							38.825	20.23	0.949	0.89	6
							42.777	19.57	0.947	0.89	6
14 787	AGC 13	12.8	+ 37 49	3.8	8.0	F0	46.744	329.20	0.819	0.72	1
14 822	β 162	15.1	+ 35 33	8.4	8.9	A2	42.777	245.65	1.241	1.20	6
14 839	β 163	16.2	+ 11 22	7.1	9.0	G0	34.732	252.45	0.948	0.86	6
							38.828	254.30	0.941	0.87	6
							39.859	251.99	0.971	0.91	4
							40.832	254.37	1.013	0.96	9
							41.835	255.04	0.943	0.88	6
							42.747	254.77	0.979	0.92	8
							45.793	252.61	1.024	0.97	7
14 856	Σ 2786	17.2	+ 9 19	7.2	8.3	A2	41.843	186.45	2.704		5
14 889	OΣ 437	18.7	+ 32 14	6.9	7.6	G5	34.728	33.92	2.156	2.09	6
							36.889	32.65	2.073		4
							37.787	32.41	2.068		5
							39.901	33.06	1.957		5
							40.878	31.96	2.005		7
14 894	OΣ 435	18.9	+ 2 40	8.2	8.7	K0	42.761	220.51	0.720	0.63	5
14 916	Σ 2801	20.2	+ 80 8	7.8	8.5	F8	42.737	269.98	1.940		6
14 926	A 764	20.9	+ 57 21	8.4	9.6	G5	42.770	334.04	0.896	0.85	6
							45.796	336.74	0.887	0.83	4
							46.739	333.81	0.868	0.77	5
15 007	Σ 2799	26.4	+ 10 52	7.4	7.4	F2	34.732	285.86	1.734	1.71	6
							36.889	284.00	1.578		4
							37.784	282.84	1.631		6
							38.742	283.61	1.586		6
							39.730	282.47	1.576		6
							40.833	281.99	1.572		9
							41.844	281.24	1.564		6
							42.787	280.82	1.576		9
							43.857	280.27	1.610		5
							45.793	279.91	1.552		7
							46.811	279.26	1.606		3
15 076	Σ 2804	30.6	+ 20 29	7.6	8.3	F5	34.732	341.12	3.188	3.12	6
							37.212	341.11	3.038		6
							38.928	341.87	3.035		5
							39.730	341.89	2.966		6
							40.842	341.60	2.997		9
							41.844	342.14	3.034		6
							45.793	344.32	3.085		7
15 103	OΣ 442	32.6	+ 61 44	8.6	8.8	A2	46.739	348.84	0.633	0.53	5
15 176	β 1212	36.9	− 0 17	7.3	7.8	F8	38.876	251.35	0.48		8
							39.730	250.21	0.48		6
							40.824	254.74	0.49		6
							41.867	258.60	0.47		5
							42.762	258.80	0.51		6
							43.864	261.14	0.48		4
							45.802	263.54	0.51		7
							46.739	265.73	0.640	0.53	5
15 521	OΣ 448	38.8	+29 7	8.4	9.4	G	37.887	224.58	0.856	0.75	2

ADS	Stern	α_{1950}	δ_{1950}	m_A	m_B	Sp	1900+	P	ϱ	ϱ_{korr}	n
15 215	OΣ 448 (Forts.)						38.839	221°50	0″838	0″74	6
							39.902	218.18	0.873	0.76	4
							40.837	219.51	0.798	0.70	8
							46.739	219.38	0.724	0.63	5
15 251	β 688	21h40m6	+40°49′	8m3	8m3	F0	35.839	195.1	0.28		5
15 267	Ho 166	41.7	+27 37	8.8	8.8	F5	40.877	222.70	0.25		4
							46.761	220.28	0.3		3.1
15 270	Σ 2822	41.9	+28 31	4.7	6.1	F5	34.722	188.71	0.722	0.58	7
							35.823	197.13	0.693	0.57	7
							36.768	206.16	0.634	0.55	7
							37.804	214.52	0.654	0.55	8
							38.808	220.28	0.654	0.56	14
							39.768	225.54	0.652	0.55	11
							40.852	233.73	0.664	0.56	11
							41.803	239.94	0.707	0.61	9
							42.753	244.83	0.727	0.63	11
							43.869	250.59	0.777	0.68	7
							45.798	257.83	0.845	0.74	8
							46.752	260.87	0.958	0.88	8
15 281	β 989	42.4	+25 25	4.8	5.3	F5	37.792	148.94	0.18		2
							38.838	134.41	0.20		5
							39.777	127.37	0.24		4
							40.855	120.05	0.28		8
							41.853	112.03	0.24		5
							42.748	106.98	0.20		5
							43.839	83.3	0.18		1
							46.744	281.6	0.2±		1
15 313	Σ 2825	44.3	+ 0 37	8.3	8.5	F2	40.844	122.90	0.954	0.89	8
							46.739	124.52	0.921	0.87	5
15 390	OΣ 451	49.5	+61 22	7.5	8.5	A2	38.605	221.25	4.209		8
							42.897	220.42	4.206		6
15 407	Σ 2843	50.4	+65 31	7.1	7.3	A2, G	39.898	141.16	1.810		6
							40.878	141.05	1.773		7
							41.880	141.41	1.798		7
							45.803	142.40	1.814		5
15 447	β 75	53.1	+10 39	8.4	8.9	G5	35.876	59.60	0.662	0.53	5
							36.908	60.70	0.728	0.62	4
							37.866	64.61	0.646	0.56	3
							38.821	65.53	0.688	0.58	9
							39.797	66.60	0.56		6
							40.834	69.14	0.52		7
							41.854	70.81	0.45		7
							42.745	72.41	0.48		9
							43.886	73.94	0.45		5
							45.802	77.19	0.42		6
							46.749	82.64	0.38		6
15 452	OΣ 452	53.2	+ 7 1	8.6	9.7	F8	35.868	178.96	1.179	1.10	4
							38.696	175.44	0.962	0.90	6
15 460	OΣ 456	53.7	+52 17	8.4	8.6	F2	42.897	30.96	1.486		6
15 467	OΣ 457	54.2	+65 4	6.0	8.2	B2	42.897	245.39	1.289	1.26	6
15 499	β 275	55.8	+61 3	7.6	7.6	B3	42.914	355.57	0.42		6
							43.919	354.21	0.44		3
15 596	Σ 2854	22 2.0	+13 24	7.6	7.9	F5	36.881	81.78	2.473		5
							38.853	81.66	2.351		7
							39.898	81.91	2.379		5
							40.886	81.78	2.353		7
							41.880	82.05	2.315		7
							43.931	81.60	2.391		4
							45.803	82.20	2.257		5
							46.811	82.99	2.226		3
15 670	Σ 2872 BC	6.9	+59 3	8.0	8.0	A0	42.827	131.58	0.796	0.70	8
15 707	OΣ 464	9.1	+39 56	8.6	8.8	A2	40.852	86.15	0.32		6
							46.756	93.24	0.32		4
15 769	Σ 2881	12.3	+29 20	7.6	8.1	F5	34.732	93.25	1.677	1.61	6
							36.881	92.06	1.539		5.4
							38.853	91.28	1.502		7
							40.886	89.59	1.492		6
							43.931	88.77	1.493		4
							45.830	88.93	1.479		3
							46.811	89.69	1.449		3
15 896	Σ 2900	21.2	+20 36	6.2	9.4	F5	40.843	178.01	0.856	0.77	6
							42.863	177.01	0.846	0.76	5

ADS	Stern	α_{1950}	δ_{1950}	m_A	m_B	Sp	1900+	P	ϱ	ϱ_{korr}	n
15 902	β 172	22h21m.5	− 5° 6′	6m.6	6m.6	A0	35.876	338°.96	0″.723	0″.59	5
							37.780	339.99	0.730	0.63	6
							38.856	337.93	0.678	0.59	5
							39.881	339.41	0.676	0.61	5
							40.852	339.51	0.736	0.63	6
							42.901	338.81	0.672	0.60	6
							46.772	340.30	0.732	0.63	5
15 962	β 701	25.6	+12 0	7.3	10.3	K0	40.952	238.02	0.991	0.94	6
15 971	Σ 2909	26.2	− 0 17	4.4	4.6	F2	32.890	295.81	2.494		5
							34.720	293.43	2.586	2.52	6
							35.850	292.15	2.534	2.49	6
							36.895	291.06	2.432		8
							37.804	289.71	2.420		7
							38.864	288.11	2.350		11
							39.797	287.21	2.382		9
							40.867	286.06	2.307		12
							41.869	284.85	2.313		9
							42.829	284.02	2.326		9
							43.931	283.06	2.335		4
							45.803	281.66	2.226		5
							46.753	280.22	2.270		8
15 972	Kr 60	26.3	+57 27	9.3	10.8	Mb	34.708	184.14	2.872	2.80	3.2
							35.839	174.38	2.744	2.70	5
							37.874	163.32	2.945		3
							38.836	157.57	3.077		4
							39.907	151.28	3.126		4
							40.883	146.93	3.177		5
							41.915	143.76	3.133		6
							42.865	140.33	3.234		7
							43.931	136.94	3.130		4
							46.764	126.10	3.249		5
15 988	Σ 2912	27.4	+ 4 11	5.7	7.1	F5	34.732	117.63	0.848	0.72	6
							35.839	114.51	0.874	0.75	5
							36.955	117.56	0.851	0.77	5
							37.780	116.35	0.860	0.78	6
							38.867	115.92	0.891	0.82	5
							39.847	115.80	0.939	0.86	6
							40.860	117.59	0.954	0.90	7
							42.899	116.73	0.975	0.92	7
16 057	Σ 2924	31.6	+69 39	6.6	7.1	F2; A5	40.831	43.74	0.25		3
16 164	Ho 188	37.9	+37 16	8.6	8.6	F8	40.831	74.19	0.25		3
16 173	Ho 296	38.4	+14 17	6.6	6.6	G	34.732	39.13	0.490	0.42	6
							38.497	28.48	0.29		3
							40.792	rund			1
16 185	Σ 2934	39.4	+21 10	8.7	9.7	G0	34.742	109.35	0.999	0.92	4
							35.839	108.62	1.000	0.92	5
							38.857	106.40	1.035	0.98	5
							39.916	105.04	1.165	1.12	4
							40.853	104.85	1.042	0.98	6
							41.926	104.08	1.134	1.08	5
							42.942	100.28	1.107	1.06	5
							46.811	100.25	1.059	1.01	3
16 270	Σ 2944	45.3	− 4 29	7.3	7.8	G0	36.138	267.58	2.896	2.86	5
							38.877	268.36	2.849		6
							39.898	268.41	2.797		5
							42.880	269.06	2.850		6
							46.811	269.83	2.672		3
16 291	Σ 2947	47.3	+68 18	7.1	7.1	F5	35.932	62.21	3.977	3.94	3
							37.003	61.65	3.936		2
							38.875	61.82	3.932		5
							39.914	61.62	3.891		5
							42.644	60.83	4.073		8
							46.811	60.50	4.145		3
16 317	Σ 2950	49.4	+61 25	6.1	7.4	G0	35.932	301.75	2.147	2.11	3
							37.003	301.24	1.893		2
							38.875	301.18	1.862		5
							39.914	299.60	1.875		5
							42.644	299.51	1.840		8
							46.811	298.95	1.819		3
16 326	A 632	50.0	+57 27	8.2	9.0	K0	40.877	11.54	0.851	0.76	9
							41.915	10.61	0.933	0.86	6
							42.946	8.05	0.981	0.93	6

ADS	Stern	α_{1950}	δ_{1950}	m_A	m_B	Sp	1900+	P	ϱ	ϱ_{korr}	n
16 326	A 632 (Forts.)						46.798	7°.10	1".030	0".98	2
16 394	Σ 2961	22h54m.6	+62° 36′	8m.5	8m.5	B5	42.488	345.84	1.854		7
16 428	OΣ 483	56.7	+11 28	6.0	7.5	F0	34.742	245.96	0.971	0.88	4
							35.839	245.31	0.921	0.83	5
							36.935	244.70	0.869	0.78	5
							38.988	250.58	0.897	0.81	5
							39.884	250.20	0.908	0.83	5
							40.888	251.40	0.899	0.82	9
							41.915	251.96	0.850	0.75	6
							42.935	253.83	0.848	0.76	6
							46.833	253.56	0.906	0.83	5
16 496	Σ 2974	23 2.6	+33 6	8.0	8.0	A0	42.654	161.21	2.717		7
16 514	Σ 2977	4.4	+61 10	6.8	10.7	F5	42.593	345.96	2.024		6
16 538	OΣ 489	6.3	+75 7	4.7	7.0	G5	36—42	rund			4
							45.808	273.0	0.48		3
16 539	A 1238	6.3	+10 41	8.0	8.5	F5	40.866	109.61	0.30		4
16 649	β 79	15.0	− 1 48	8.4	10.0	G5	40.875	45.07	1.343		7
							41.906	44.71	1.421		4
16 650	Hu 400	15.1	+18 2	7.0	8.4	F0	41.906	198.26	0.47		4
16 665	β 80	16.3	+ 5 8	9.0	10.0	K0	34.742	267.18	1.182	1.09	4
							35.839	266.70	1.194	1.13	5
							36.936	267.49	1.174	1.12	5
							37.843	269.59	1.187	1.12	3
							38.915	271.19	1.234	1.18	5
							39.884	271.48	1.293	1.26	5
							40.875	272.26	1.272	1.24	7
							41.906	273.25	1.284	1.25	4
							42.978	273.26	1.216	1.17	2
							43.995	272.89	1.179	1.13	2
16 666	Σ 3001	16.4	+67 50	5.0	7.6	G5	34.744	206.22	3.001	2.93	3
							35.888	206.87	2.985	2.94	5
							37.875	207.52	2.870		4
							38.875	207.93	2.897		5
							39.872	207.66	2.913		6
							40.887	208.02	2.901		7
							41.900	208.21	2.885		5
							42.929	207.96	2.931		8
							46.824	208.90	2.886		4
16 775	Σ 3017	25.7	+73 49	7.5	8.6	F0	41.933	26.26	1.700		3
							42.924	25.89	1.701		5
16 808	Σ 3020	28.6	+18 30	7.6	9.6	A3	43.597	103.93	2.070		5
16 836	β 720	31.5	+31 3	6.0	6.0	K2	34.742	212.94	0.490	0.43	4
							35.837	212.03	0.478	0.42	5
							36.947	217.65	0.478	0.40	6
							37.832	216.43	0.472	0.40	4
							38.878	217.99	0.41		5
							39.853	219.74	0.39		6
							40.869	220.74	0.41		9
							41.913	220.64	0.42		5
							42.941	222.39	0.44		8
							44.014	223.82	0.43		4
							45.823	227.36	0.44		3
							46.843	228.83	0.41		6
16 877	OΣ 500	35.1	+44 9	6.2	7.1	B9	34.742	337.80	0.694	0.59	4
							35.837	336.49	0.725	0.59	5
							36.947	335.99	0.620	0.52	6
							37.832	336.64	0.608	0.53	4
							38.878	337.54	0.608	0.53	5
							39.846	337.39	0.633	0.54	5
							40.879	337.04	0.623	0.55	8
							41.906	339.53	0.623	0.55	4
							42.967	338.87	0.713	0.60	6
							44.014	338.65	0.626	0.56	4
							46.843	341.53	0.57	0.57	6.5
16 928	β 858	38.8	+32 18	7.5	9.0	A0	39.885	242.03	0.846	0.75	6
16 937	OΣ 503	39.5	+20 1	8.1	8.7	F8	40.895	131.23	1.370		7
							46.833	131.58	1.338	1.32	5
16 982	Σ 3037	43.6	+60 12	7.4	8.9	K0	42.988	209.92	2.496		4
							43.986	209.82	2.538		3
17 009	Σ 3041	45.3	+16 47	8.5	8.6	G	42.608	358.00	3.429		6
17 020	OΣ 507	46.2	+64 36	6.8	7.5	A0	37.875	283.18	0.766	0.67	4
							38.854	284.35	0.717	0.63	5
							39.872	284.78	0.769	0.67	4

ADS	Stern	α_{1950}	δ_{1950}	m_A	m_B	Sp	1900+	P	ϱ	ϱ_{korr}	n
17 020	OΣ 507 (Forts.)						40.879	285°42	0″814	0″71	8
							46.833	287.12	0.809	0.71	5
17 050	OΣ 510	$23^{h}49^{m}0$	+41° 48′	$7^{m}7$	$8^{m}0$	A5	40.896	318.97	0.41		6
17 054	Σ 3042	49.3	+37 37	7.8	7.8	F5	39.879	86.92	5.071		5
17 140	Σ 3049	56.4	+55 29	5.1	7.2	B2	42.640	325.59	3.015		7
17 149	Σ 3050	56.9	+33 27	6.6	6.6	F8	34.725	241.25	1.885	1.86	5
							35.847	242.57	1.878	1.85	6
							36.967	243.88	1.707		8
							37.884	245.00	1.668		6
							38.867	246.50	1.667		8
							39.894	247.20	1.622		10
							40.887	248.33	1.594		10
							41.908	250.00	1.578		7
							42.937	251.20	1.552		9
							44.020	252.80	1.557		7
							45.815	254.90	1.526		4
							46.850	257.75	1.516		7
Nachtrag:											
1 588	Σ 185						36.093	17.87	1.222	1.15	5
							36.990	19.18	1.298	1.26	4
11 956	Σ 2437						46.693	41.88	0.765	0.66	9

Vergleich mit berechneten Bahnen

	61 Σ 3062 BAIZE 1943 l'Astr. **57**.44 I l 1 pd		102 Σ 2 VAN ARNAM 1934 A. J. **43**.60 *I l o		221 OΣ 4 MULLER 1949 J. O. **32**.34 I r 1 d		588 OΣ 18 RABE 1948 AN **276**.262 II r 2 d		671 Σ 60 STRAND 1946 A. J. **52**.107 IV l 4		684 β 232 MULLER 1951 briefl. Mitt. I r o d	
32.9									+ 0°3	− ″09		
34.9	− 5°4	+ ″05	+ 13°6	+ ″02	− 10°1	− ″03			+ 0.7	− .05		
35.9	− 2.2	+ .03	+ 15.1	+ .02	− 9.5	− .02	− 0°1	+ ″06	0	− .04		
36.9	− 1.2	− .04	+ 11.5	+ .02	− 7.8	− .02	+ 1.7	− .03	0	0		
37.9	− 0.9	− .06	+ 10.4	0	− 5.1	0	− 0.6	+ .13	+ 0.4	− .04		
38.9	− 2.5	− .06	+ 4.7	− .01	− 7.2	− .05	− 0.3	+ .04	0	+ .03		
39.9	− 3.0	− .06	+ 6.2	0	− 4.2	− .05	− 0.4	+ .04	− 0.1	− .05		
40.9	− 2.3	0	+ 8.5	0	− 5.0	− .06	− 0.8	+ .04	+ 0.1	− .06	− 1°0	− ″01
41.9	+ 0.7	− .06	+ 8.8	− .01	− 3.6	− .04	− 0.5	+ .11	− 0.2	− .02	+ 0.5	− .02
42.9	+ 2.6	− .05					− 1.2	− .02	− 0.6	− .07	− 2.3	− .02
43.9	+ 2.0	+ .02	+ 11.1	− .02	− 2.8	− .05	+ 1.3	− .04	− 0.1	− .06	+ 2.7	− .02
45.9	− 1.4	0	+ 11.2	− .01	− 2.6	− .05						
46.9	+ 1.7	+ .02	+ 9.7	0	− 2.1	− .04	+ 0.9	− .03	− 0.9	− .06	− 1.1	+ .01

	746 OΣ 20 RABE 1948 AN **276**.263 I l 1 pd		755 Σ 73 RABE 1951 AN **280**.17 I l 1 pd		940 OΣ 515 RABE 1948 AN **276**.264 *I l 2 d		1538 Σ 186 VOLET 1933 J. O. **16**.107 II l o pd		1598 β 513 MULLER 1949 J. O. **32**.35 I l 3		1615 Σ 202 RABE unveröff. III l 1 d	
27.9							− 1°2	+ ″02	+ 1°3	+ ″15		
32.9							− 0.9	− .02			+ 1°1	+ ″16
34.9	+ 1°8	+ ″01	+ 0°4	− ″01					− 1.4	+ .07		
35.9	− 2.0	+ .07	− 1.0	− .09			− 0.2	− .09	− 5.0	+ .05	+ 0.1	+ .08
36.9	− 1.8	+ .02	+ 0.3	− .08	− 0°7	+ ″03	− 0.1	− .01	− 3.6	+ .08	+ 0.4	− .08
37.9	− 1.9	+ .03	+ 2.0	− .05			− 0.7	− .01	− 4.6	+ .12	+ 0.2	− .04
38.9	− 3.0	0	+ 2.4	− .07	+ 1.8	+ .02	− 0.3	+ .06	− 4.2	+ .07	− 0.2	− .03
39.9	− 2.9	+ .01	+ 1.2	− .03	− 1.7	+ .01	− 0.5	+ .06	− 4.2	+ .09	0	− .05
40.9	− 2.2	+ .01	+ 1.2	− .02	− 0.1	0	− 0.6	0	− 4.5	+ .03	+ 0.2	− .04
41.9	− 1.6	+ .02	+ 0.8	− .01	− 2.0	+ .01	− 0.9	+ .02	− 4.3	+ .07	+ 0.2	− .12
42.9	− 0.7	+ .03	0	+ .02	+ 0.7	+ .01	+ 0.8	0	− 4.6	+ .04	+ 0.7	+ .05
43.9	− 0.2	0	− 0.1	0	+ 1.6	0	− 0.7	+ .03	− 3.9	+ .04	+ 0.6	+ .05
46.9	− 1.1	+ .01	− 0.5	+ .05	+ 1.3	+ .01	− 0.7	− .03	− 3.5	0	− 0.2	− .03

	1630 OΣ 38 Woolley 1937 MN **97.**444 *I I 1 pd		1631 Σ 208 Rabe unveröff. I I 2 d		1709- Σ 228 Kuiper 1930 BAN **5.**231 I I 1 d		2446 OΣ 53 Rabe 1948 AN **276.**265 I r 1 d		2612 Σ 400 Ekenberg 1945 Lund II Nr. 116 *I I 1		2616 Σ 412 Luyten II 1934 PASP **46.**199 *I I o d	
35.0	− 1°8	+ ″05			− 2°6	+ ″06					+ 4°0	− ″02
36.0	− 4.0	+ .03			− 5.9	+ .05					+ 5.2	+ .01
37.0	− 1.3	+ .03	− 0°4	+ ″01	+ 0.4	− .02			− 3°0	+ ″09	+ 0.6	+ .02
38.0	− 1.3	+ .01	− 0.4	+ .01	+ 1.3	− .02			− 1.6	+ .02	− 0.9	− .02
39.0	− 1.4	+ .04	+ 0.4	− .04	+ 2.0	− .03	+ 2°0	+ ″02	+ 7.9	− .01	− 3.1	− .02
40.0	− 2.1	+ .05	+ 0.4	+ .01	+ 2.4	− .03	+ 0.2	+ .02	+ 9.6	—	− 1.8	− .02
41.0	− 1.9	+ .07	− 1.3	+ .02	+ 2.9	− .01	− 0.6	− .02			− 2.1	− .02
42.0	− 0.2	+ .09	− 2.9	+ .10	+ 3.7	0	− 0.1	− .03	+ 24.4	—	− 2.5	− .03
43.0	− 0.7	+ .08	− 3.2	+ .01	+ 4.1	− .01	− 0.9	− .06			− 2.3	− .04
44.0	− 3.0	+ .10	− 4.6	− .05	+ 6.9	+ .01						
46.9			− 5.5	− .02	+ 7.0	0						

	2959 Σ 483 Rabe unveröff. I r 2 d		3082 OΣ 77 Hynek 1935 A. J. **44.**151 I I o d		3093 Σ 518 v. d. Bos 1926 BAN **3.**129 IV r 1		3098 Σ 511 Arend 1944 BAB **3.**245 *I I o d		3135 OΣ 79 v. d. Bos 1937 U. O. C. **98.**344 I r 2 d		3169 OΣ 82 Kuiper 1930 BAN **5.**231 II r 2 d	
35.1	+ 11°6	+ ″05	− 7°8	+ ″03							− 0°1	+ ″01
36.1	+ 2.6	− .09	− 2.0	0	+ 1°8	− ″24			− 4°0	+ ″04	+ 0.5	− .06
37.1	+ 4.8	− .09	− 3.7	+ .02					− 1.4	− .04	+ 0.3	− .02
38.1	+ 2.6	− .06	− 2.6	0	+ 1.8	− .12	+ 2°6	+ ″05	− 0.9	− .04	+ 0.1	− .02
39.1	+ 2.7	− .08	− 3.9	0			+ 2.9	+ .04	− 0.7	− .07	+ 0.5	− .01
40.1	+ 2.8	− .03	− 4.4	+ .03			+ 0.8	+ .03	− 0.3	− .08	+ 0.1	+ .01
41.1	+ 2.9	− .06	− 3.8	− .02			+ 3.0	+ .03	+ 0.8	− .06	+ 0.8	+ .02
42.1	+ 3.6	− .06	− 4.2	0	+ 2.2	− .28			0	+ .08	+ 1.3	+ .02
43.1	+ 2.9	− .09	− 4.0	+ .02	+ 0.2	+ .21			− 0.6	− .07	0	+ .02

	3264 Σ 554 Kuiper 1937 Ap. J. **86.**166 III 3 d		3483 β 552 Kuiper 1937 Ap. J. **86.**166 I r 3 d		3711 OΣ 98 v. d. Bos 1933 U. O. C. **90.**383 I I 1 pd		4929 β 895 Baize 1944 J. O. **33.**7 *I I o d		5234 OΣ 149 Rabe 1948 AN **276.**265 I r 2 d		5871 Σ 1037 Karmel 1940 AN **269.**312 I I o pd	
35.2					+ 1°7	+ ″01					− 2°0	− ″09
36.2					+ 0.5	− .10					− 1.9	− .14
37.2	+ 1°8	− ″02			+ 0.5	− .08					− 1.6	− .10
38.2	+ 2.4	+ .02	− 3°9	− ″05	+ 0.2	− .04	− 2°4	− ″04	+ 0°3	+ ″01	− 1.3	− .14
39.2	+ 2.7	+ .01	− 1.7	− .04	− 0.2	− .11	− 1.6	− .04	− 1.2	0	− 1.7	− .14
40.2	+ 2.3	+ .07			− 0.5	− .07			− 0.4	− .01	− 0.8	− .11
41.2			− 2.3	0	0	− .06			− 0.6	− .02	− 0.8	− .08
42.2	+ 3.1	+ .03	− 4.2	+ .03	0	− .06	− 0.7	− .02	− 0.1	− .02	− 0.7	− .08
43.2			− 1.9	− .04	− 1.2	− .13	− 3.8	− .04	− 1.6	− .06	− 0.5	− .09
44.2											− 0.3	− .09

	6175 Σ 1110 Strand 1940 A. J. **49.**47 III I 1		6554 β 581 Muller 1951 briefl. Mitt. I r o d		6650 Σ 1196 AB Makemson 1933 A. J. 42.153 I I 1 d		Σ 1196 MC ebenda S 2 + „Mean" IV 1 o		6762 Σ 1216 Ekenberg 1945 Lund II Nr. 116 I I 1 d		6993 Σ 1273 Slonim 1935 Tash. Bull. 5 III 1 4	
33.2	− 0°7	− ″15			− 4°7	+ ″05	+ 1°1	+ ″03			− 0°2	− ″04
34.2	0	− .17			− 7.9	+ .08	+ 2.0	+ .08			+ 0.2	− .18
35.2	− 0.2	− .17	+ 3°5	− ″02	− 9.6	− .04	+ 1.2	+ .20				
36.2	− 0.7	− .07	+ 0.3	− .05	− 6.9	− .10	+ 1.0	+ .24			− 0.1	+ .02
37.2	− 0.7	− .03	− 2.2	+ .02	− 5.0	− .04	+ 1.0	+ .29				
38.2	− 0.7	− .03	− 2.6	0	− 3.4	− .04	+ 0.4	+ .29	− 1°1	+ ″03	− 0.8	+ .02
39.2	− 1.0	0	− 2.1	− .01	− 1.5	− .05	+ 0.2	+ .24	− 2.6	+ .01	− 0.8	+ .13
40.2	− 1.0	− .01	− 1.3	− .02	+ 0.7	− .03	− 0.1	+ .28	− 2.3	+ .01	− 0.8	+ .09
41.2	− 0.6	− .03	− 0.1	+ .02	+ 1.7	+ .02	0	+ .12	− 2.9	+ .02	+ 0.4	+ .12
42.2	− 0.4	0	− 2.0	− .01	+ 2.4	+ .01	0	+ .07	− 2.4	+ .03	− 0.3	+ .14
43.2	− 0.6	− .02	− 2.0	− .03	+ 2.1	− .04	− 0.2	+ .13	− 2.0	+ .01	− 0.5	+ .17
44.2	− 0.8	+ .05	− 2.3	− .06	+ 4.1	0	+ 0.5	+ .10	− 1.8	0	0	+ .20
46.2	+ 0.1	0			+ 1.4	+ .05	+ 1.3	− .17				

	7203 Σ 1306 Baize 1948 J. O. **31.**35 II l 3	7284 Σ 3121 v. d. Bos 1938 U. O. C. **99.**448 I l o pd	7390 Σ 1356 Doberck 1906 AN **173.**251 I l 1 pd	7545 OΣ 208 Danjon 1938 B. A. II. **4.**191 I l 1 pd	7555 AC 5 Martin 1934 Publ. Padova 38 I l o d	7724 Σ 1424 Rabe unveröff. IV l 2
33.3			+ 1°2 + ″13			+ 0°5 − ″03
34.3			− 2.0 + .24			+ 1.1 − .18
35.3						+ 1.2 − .23
36.3		− 1°1 − ″11	− 0.1 + .03	− 0°6 − ″05		+ 0.3 − .11
37.3	− 2°5 + ″16	− 1.8 − .07	− 0.5 + .01	− 1.3 + .02	− 0°8 − ″07	+ 0.4 − .15
38.3	− 1.8 + .05	+ 0.6 − .07	− 0.3 + .05	− 0.5 + .01	− 1.1 − .11	+ 0.2 − .09
39.3	− 0.9 + .10	+ 0.1 − .02	− 0.1 − .01	− 1.0 0	− 1.9 − .08	− 0.1 − .09
40.3	− 1.0 + .05	+ 1.0 − .02	+ 0.1 + .04	− 0.9 + .02	− 0.7 − .05	− 0.3 − .07
41.3	− 1.6 + .07	+ 0.7 − .04	+ 0.4 + .07	+ 0.5 + .05	0 − .02	0 − .09
42.3	− 1.3 + .16	+ 4.9 − .06	+ 0.7 + .05	− 0.1 + .04		− 0.2 − .10
43.3	+ 0.1 + .12	+ 11.7 − .03	− 0.5 + .05	+ 0.5 + .04	− 1.0 − .05	− 0.3 − .09
44.3	− 0.1 + .15	+ 3.8 + .04	− 1.1 + .05	+ 0.3 + .04	− 0.4 − .07	0 − .05
46.3	+ 0.2 + .02		− 0.9 + .14	+ 1.2 + .11		+ 0.2 − .07

	7744 OΣ 216 Campa 1944 MSA I **14.**4.271 I r 4	7871 OΣ 224 Ekenberg 1945 Lund Medd. II. 116 * I r 2 d	8119 Σ 1523 v. d. Bos 1934 U. O. C. **91.**26 II l o d	8148 Σ 1536 Rabe unveröff. I l 3	8189 OΣ 234 Riechert 1923 AN **219.**227 * I l o d	8197 OΣ 235 Hable 1951 briefl. Mitt. I l 2 pd
33.3			+ 1°6 + ″08			
34.3			+ 2.7 + .11			
35.3			+ 1.2 + .03			
36.3			+ 3.0 + .05	− 4°4 − ″03	− 3°9 + ″07	− 1°2 − ″17
37.3			+ 2.0 + .08	− 4.4 − .03	− 4.8 − .01	− 2.3 − .10
38.3			+ 1.7 − .05	− 1.8 − .07		+ 1.5 − .11
39.3		− 8°5 + ″04	+ 1.1 − .06	− 2.3 − .06	− 2.7 + .05	+ 0.3 − .18
40.3	− 3°0 + ″15	− 6.3 + .02	+ 0.9 − .06	+ 1.1 − .04	+ 1.7 + .01	− 2.1 − .15
41.3	− 4.2 + .03	− 6.4 + .05	+ 0.6 − .04	− 2.1 − .04	+ 5.2 + .01	− 0.2 − .16
42.3	− 1.0 + .17	− 5.9 + .08	+ 1.6 − .04	+ 0.2 + .02	+ 7 0	− 0.2 − .06
43.3	− 3.7 + .14	− 6.1 + .05	+ 1.6 − .04	+ 1.6 − .03		+ 0.1 + .01
44.3	+ 3.1 + .19	− 4.4 + .07	+ 1.7 + .03	− 1.1 − .01		+ 0.1 − .04
46.3		− 2.4 + .07		− 0.2 − .13		

	8337 β 794 Finsen 1938 U. O. C. **99.**454 I l 2 d	8419 Σ 3123 Ekenberg 1945 Lund II Nr. 116 * I l o d	8539 Σ 1639 v. Schrutka 1950 AN **279.**81 (A) II l 1 pd	8630 Σ 1670 Strand 1937 Leid. Ann. **18.**2 IV l o	8695 Σ 1687 Schmeidler 1939 AN **268.**151 II l 3 p d	8739 β 1082 Baize 1948 l'Astr. **62.**56 II r 4 d
33.4				+ 0°3 − ″09		
34.4				+ 0.5 + .01		
35.4			− 0°4 + ″03	− 0.4 − .08	+ 2°1 − ″12	
36.4			+ 0.1 + .01	− 0.2 − .03	0 − .05	
37.4	− 5°8 − ″01	− 3°5 ″00	− 0.1 + .07	+ 0.1 − .02	+ 0.8 − .02	
38.4			− 0.8 + .08	+ 0.2 + .01	+ 0.1 − .06	
39.4	− 7.2 − .04	− 1.6 + .02	− 0.7 − .01	+ 0.3 − .01	+ 0.2 − .03	
40.4	− 5.8 − .01	+ 1.0 + .01	− 0.1 + .02	+ 0.2 + .01	+ 0.1 0	+ 2°3 + ″16
41.4	− 6.5 + .02	− 0.1 + .05	+ 0.4 + .07	0 − .02	+ 0.1 0	+ 2.6 + .21
42.4	− 2.7 − .02	+ 1.9 + .03	0 + .03	+ 0.2 − .02	+ 0.1 − .01	+ 2.7 + .09
43.4	− 2.7 − .02	+ 4.2 + .01	0 − .02	0 − .08	+ 0.7 − .04	
44.4	− 5.7 − .03	+ 3.0 0	+ 0.1 + .06	+ 0.4 + .03	0 − .03	+ 3.1 + .11
46.4					− 0.1 + .05	

	8804 Σ 1728 Haffner 1948 AN **276**.145 *I l o p d	8949 Σ 1757 Lupl.-Janss. 1931 AN **241**.67 III r 1	8974 Σ 1768 Jackson 1921 Grw. Cat. 213 II l 2 d	9031 Σ 1785 Rabe 1928 AN **231**.121 II l o d	9182 Σ 1819 v. Bezold 1938 AN **267**.233 II l o p d	9229 Σ 1834 v. d. Bos 1938 U. O. C. **99**.458 I l o d
33.4				− 0°6 − ″06		
34.4		− 1°4 + ″21	+ 3°9 + ″16	+ 0.4 + .03	− 0°6 − ″04	− 2°7 0
35.4		− 0.7 + .23	+ 1.7 + .13	+ 0.2 + .07	− 2.0 − .04	− 3.4 − .01
36.4	+ 1°9 − ″02	− 0.4 + .19	+ 2.0 + .07	+ 0.9 + .06	+ 0.1 + .03	− 3.0 − .03
37.4		− 0.7 + .23	+ 2.4 + .08	− 0.1 + .07	− 0.1 + .01	− 1.9 − .02
38.4	+ 4.9 − .03	0 + .17	+ 2.2 + .02	− 0.5 + .04	+ 0.2 − .04	− 1.9 − .04
39.4	+ 1.3 − .05	− 0.5 + .19	+ 2.1 + .05	− 0.7 + .02	+ 0.8 0	− 1.9 − .05
40.4	+ 2.0 − .06	− 1.0 + .18	+ 1.5 + .06	− 1.6 + .01	+ 1.4 + .03	− 2.7 − .06
41.4	+ 2.0 − .03	− 1.7 + .22	+ 1.1 + .07	− 1.9 − .04	+ 1.1 + .01	− 2.7 + .02
42.4	+ 0.7 − .02	− 1.6 + .20	+ 0.9 + .08	− 1.4 − .04	+ 0.6 + .02	− 2.7 + .07
43.4	+ 1.9 − .04	− 1.0 + .22	+ 0.9 + .03	− 0.9 0	+ 0.6 − .02	− 2.3 − .02
44.4	+ 3.4 − .06	− 2.2 + .24	+ 1.1 + .06	− 1.2 − .03	+ 0.9 0	− 2.9 + .03
46.4			+ 1.4 − .03	− 1.2 − .05	+ 0.3 + .03	

	9324 A 347 Arend I 1949 Ann. Obs. Belg. **4**.4 191 *I r o d	9343 Σ 1865 v. d. Bos 1937 U. O. C. **98**.349 II l o p d	9378 OΣ 285 Simonow 1937 Babelsbg. **11**.5 I l o p d	9380 Σ 1879 v. Biesbr. 1908 Ann. Obs. Belg. **9**. 118 II r 1	9413 Σ 1888 Strand 1937 Leid. Ann. **18**.2 IV l 2	9494 Σ 1909 Strand 1937 Leid. Ann. **18**.2 III l 1 d
32.6					− 1°1 + ″01	+ 0°7 + ″02
33.6		− 2°0 + ″12			− 0.1 − .03	− 0.2 + .02
34.2		− 1.8 + .19			+ 1.9 − .12	− 0.2 − .02
34.5		+ 1.5 0	− 1°6 + ″03	+ 0°4 − ″06	+ 0.1 − .14	− 0.2 + .04
35.5		+ 1.0 − .02	− 1.7 + .03	− 0.4 − .05	+ 0.4 − .07	+ 0.9 − .01
36.5	− 3°4 + ″02	+ 0.7 + .03	− 2.0 + .06	− 0.9 − .03	+ 0.2 + .02	+ 0.5 − .01
37.5		+ 0.4 − .01	− 0.2 + .05	− 1.9 + .04	+ 0.1 + .04	+ 0.4 − .01
38.5		+ 1.2 0	+ 2.6 + .02	− 0.5 − .02	+ 0.1 + .02	+ 0.2 + .02
39.5	+ 2.7 + .03	+ 0.8 0	+ 1.9 0	− 1.5 − .05	0 − .03	− 0.2 − .04
40.5		− 0.8 − .03	− 0.9 − .01	− 2.6 + .05	+ 0.4 − .04	+ 0.4 − .04
41.5	+ 2.4 + .04	+ 0.3 0	− 2.1 + .02	− 2.8 − .04	0 0	0 − .03
42.5	+ 6.7 + .02	+ 0.4 − .03	− 0.6 + .03	− 2.7 + .03	+ 0.4 + .01	+ 0.3 0
43.5		+ 0.8 0	− 0.5 0	− 2.8 + .05	+ 0.8 − .02	+ 0.4 + .01
44.5	+ 6.1 − .01		− 1.1 + .01	− 3.0 + .07	+ 0.4 − .02	+ 0.4 + .07
46.5	+ 1.9 + .01	+ 0.3 0	+ 1.8 + .05	− 1.7 − .05	+ 0.6 − .01	− 0.3 + .11

	9578 Σ 1932 Muller 1951 briefl. Mitt. *I l o p d	9617 Σ 1937 Silbernagel 1929 AN **234**.441 I l o p d	9626 Σ 1938 Comstock 1921 A. J. **33**.139 II l 1	9716 OΣ 298 Komendant. 1933 Pulk. Circ. **8** *I l o d	9757 Σ 1967 v. Biesbr. 1936 Publ. Yerkes **8**.2 I l 3	9769 Σ 1989 Wilson 1935 A. J. **44**.68 I l 1 d
32.5			− 0°4 + ″03			
33.5			− 3.2 + .13			
34.5	0°0 + ″05	+ 3°3 − ″02	+ 1.4 + .20	− 7°2 + ″03		− 3°9 + ″13
35.5	− 1.4 − .02	0 + .04	+ 1.4 + .20	− 3.1 − .08		
36.5	− 1.3 0	− 0.2 + .03	+ 1.7 + .12	− 3.4 − .01		− 2.6 + .02
37.5	− 1.4 + .03	− 1.5 + .03	+ 1.3 + .17	+ 2.1 − .03	+ 2°3 + ″05	− 2.7 0
38.5	− 1.4 + .03	− 0.9 + .04	+ 1.5 + .12	+ 5.8 − .08	+ 1.9 + .05	− 3.2 − .02
39.5	− 0.8 − .03	− 1.8 − .01	+ 1.3 + .07	+ 6.3 − .04	+ 0.8 + .05	− 1.8 − .02
40.5	− 0.7 − .02	− 1.5 − .06	+ 1.5 + .12	+ 5.2 + .02	+ 1.0 + .05	
41.5	− 0.3 + .01	− 1.3 − .12	+ 1.2 + .08	− 3.8 + .01	+ 1.5 + .05	− 1.7 − .02
42.5	+ 4.8 + .02	− 0.6 − .11	+ 1.8 + .15	− 1.1 + .01	+ 0.6 + .08	− 0.7 − .02
43.5	+ 10.1 + .03	− 0.9 − .10	+ 1.8 + .11	− 0.8 0	+ 2.0 + .06	− 0.3 − .03
44.5	+ 0.1 + .05	+ 0.3 − .05	+ 2.4 + .14	− 2.6 + .01	+ 1.7 + .09	
46.5	+ 0.1 + .02	+ 0.2 0		− 0.5 − .05	+ 0.7 + .13	

	9909 Σ 1998 Baize 1942 l'Astr. **56.**157 I l o p d	9979 Σ 2032 Strand 1937 Leid. Ann. **18.**2 IV l 1	9982 Σ 2026 Woolley 1937 MN **97.**168 II r o d	10075 Σ 2052 Finsen 1933 U. O. C. **90.**386 I l o d	10087 Σ 2055 Rabe 1948 AN **276.**60 I l 2 d	10157 Σ 2084 Silbernagel 1928 AN **233.**145 II l 4 d
32.5	+ 1°8 − ″05	+ 1°2 ″0				
33.5	+ 2.9 − .16	+ 0.8 − .20				
34.5	+ 0.3 − .02	+ 1.7 − .09	+ 0°5 − ″09	+ 1°9 − ″01	− 2°2 + ″16	
35.5	+ 1.4 − .10	+ 1.0 − .14	− 0.3 − .01	+ 1.3 − .06	+ 1.7 + .09	− 2°6 − ″11
36.5	+ 0.9 − .14	+ 0.9 − .04	+ 0.8 − .13	+ 2.7 − .03	+ 4.4 + .07	− 0.9 − .02
37.5	+ 0.7 − .12	+ 1.0 − .07	0 − .08	+ 2.5 − .02	+ 4.3 + .08	+ 1.1 + .04
38.5	+ 0.2 − .12	+ 0.6 − .02	+ 0.2 − .04	+ 0.4 − .02	+ 3.0 + .08	+ 2.6 + .09
39.5	+ 0.5 − .18	+ 0.6 − .05	− 0.4 − .01	+ 2.0 − .02	− 1.4 + .08	+ 2.0 − .04
40.5	− 0.2 − .09	+ 0.8 − .11		+ 5.3 + .02	− 1.1 + .09	− 0.7 + .03
41.5	− 0.2 − .13	+ 0.9 − .13	− 0.6 + .01	+ 3.4 − .02	− 4.6 + .08	+ 1.3 − .06
42.5	+ 0.4 − .04	+ 0.6 − .11	− 0.5 + .02	+ 5.2 − .01	− 2.4 + .06	+ 2.0 − .02
43.5	+ 0.9 − .12	+ 0.8 − .10	− 0.6 0	+ 3.7 − .02	+ 1.9 + .03	+ 2.1 − .08
44.5	+ 0.7 0			+ 4.0 − .08	+ 2.0 + .05	
45.5					− 0.3 + .03	+ 1.3 − .13
46.5	− 2.2 + .05	+ 0.6 − .12		+ 5.6 − .04	− 0.2 + .02	+ 1.5 + .01

	10188 Δ 15 v. Biesbr. 1927 Publ. Yerkes **5.**1 I r o d	10235 Σ 2107 Rabe 1928 AN **231.**128 II l 2 d	10345 Σ 2130 v. Bezold 1938 AN **267.**221 III l o d	— Kuiper, Fhj 46 v. Biesbr. 1949 A. J. **54.**163 I r o d	10585 A 351 Eggen 1946 A. J. **51.**232 I r o d	10598 Σ 2173 Aitken 1914 Publ. Lick **12.**11 I, II l o d 6
32.5			0° − ″08			
34.5	− 0°6 + ″02	+ 1°5 − ″01	+ 0.1 + .02		− 3°7 + ″08	− 0°2 − ″04
35.5	+ 0.7 + .09	+ 1.4 0	− 0.4 + .10			− 2.8 − .08
36.5	− 1.3 + .10	+ 0.1 + .04	− 0.4 − .02		− 9.2 + .06	− 2.8 − .08
37.5	+ 0.4 + .10	+ 0.5 + .07	− 0.1 + .02		− 0.4 + .10	− 2.8 − .06
38.5	+ 0.5 + .09	+ 0.8 + .05	− 0.1 − .04		− 8.0 + .08	− 2.6 − .11
39.5	+ 0.7 + .10	0 + .04	0 − .10			− 2.6 − .12
40.5	− 0.4 + .06	0 + .06	+ 0.5 − .06		+ 1.2 − .01	− 3.7 − .05
41.5	+ 0.3 + .05	− 1.3 + .06	− 0.3 − .04	− 6°2 − ″04		− 1.4 − .07
42.5	+ 0.1 + .09	− 1.0 + .04	− 0.5 − .08	− 5.9 − .04		− 2.2 − .11
43.5	0 + .05	− 0.5 + .02	− 0.7 − .07	− 4.2 − .06		− 2.3 − .09
45.5		− 1.3 + .03	− 0.9 − .01			− 1.8 − .07
46.5	+ 0.6 + .02	− 1.1 + .11	− 0.8 − .02			− 1.6 − .03

	10786 AC 7 Silbernagel 1928 AN **233.**257 II r o d	11005 Σ 2262 Hertzspr. 1942 BAN **9.**259 III l 1 d	11046 Σ 2272 Strand 1938 Leid. Ann. **18.**2 IV l 2	11060 OΣ 341 Aitken 1923 Lick Bull. **11.**85 * I r 1 p d	11 111 Σ 2281 v. d. Bos 1937 U. O. C. **98.**354 I l 2 d	11 186 Σ 2294 Luyten I 1934 A. J. **43.**105 I r o d
32.6		− 0°6 + ″20	+ 0°9 + ″05			
33.6		+ 0.6 + .04	+ 1.2 − .24			
34.6	− 0°9 + ″02	+ 1.0 − .07	+ 0.3 − .03		− 0°4 + ″04	− 0°3 − ″04
35.6	− 4.1 + .08	+ 0.5 + .06	+ 0.4 − .08	− 0°7 + ″02	+ 1.0 + .06	− 4.1 + .03
36.6	− 0.8 + .04	+ 0.8 − .02	+ 0.9 − .01		+ 2.8 + .03	− 2.4 0
37.6	− 0.2 + .07	+ 0.2 0	+ 0.3 − .01		+ 3.0 − .04	− 1.0 − .03
38.6	+ 0.3 + .09	+ 0.2 + .04	+ 0.3 0		+ 2.5 − .02	+ 1.1 − .02
39.6	− 1.3 + .10	− 0.3 − .03	+ 0.4 − .01		− 0.4 − .02	0 − .06
40.6	− 0.8 − .02	+ 0.5 − .04	+ 0.4 + .02	− 1.2 + .01	+ 1.5 + .01	+ 1.2 + .02
41.6	− 1.2 + .07	− 0.1 − .02	+ 0.1 − .03	+ 1.4 + .01	− 0.3 − .01	
42.6	− 1.7 + .08	+ 0.2 0	+ 0.2 + .02	0 + .01	− 0.8 − .01	− 0.9 + .04
43.6	− 1.7 + .12	+ 0.1 − .02	+ 0.1 − .01	+ 0.1 − .02		
45.6	− 2.4 + .01	0 − .01	+ 0.4 − .08			
46.6	− 0.9 + .13	0 + .01	+ 0.8 − .03		− 0.8 − .10	

	11 334 Σ 2315 Voronov 1933 Tash. Circ. **10** I l 1		11 579 Σ 2367 Baize 1950 J. O. **33.**129 I l o pd		11 871 β 648 Baize 1943 J. O. **26.**95 I l 2 d		11 897 Σ 2438 See 1908 MN **68.**568 I l 1		12 145 Se 2 Russell 1914 Publ. Lick **12.**138 * I r o d		12 447 Σ 2525 Finsen 1937 U. O. C. **98.**358 II r o d	
34.7	− 3°9	+ ″09	− 4°0	− ″01	− 5°6	+ ″3	+ 3°6	− ″18	+ 0°7	0	+ 0°5	− ″04
35.7	− 5.1	+ .13			− 4.1	+ .18			− 1.4	+ .02	+ 0.7	+ .10
36.7	− 2.6	+ .09	− 1.8	− .04	− 3.0	+ .08	+ 2.9	− .18	− 0.1	+ .03	+ 0.9	+ .12
37.7	− 0.8	+ .13	+ 0.7	+ .01	− 1.4	− .04	+ 1.6	− .17	+ 2.8	+ .03	+ 0.8	+ .10
38.7	− 1.5	+ .15	− 0.7	0	+ 3.9	+ .01	+ 1.0	− .23	+ 2.8	+ .02	+ 0.9	+ .13
39.7	− 1.5	+ .14	− 1.1	− .02	+ 5.7	− .02	+ 0.4	− .25	+ 1.3	+ .05	+ 0.4	+ .06
40.7	− 1.8	+ .12			+ 6.9	− .01	+ 0.4	− .15	− 0.3	+ .04	+ 0.6	+ .13
41.7	− 1.8	+ .15			+ 6.3	− .10	+ 0.7	− .14	− 0.4	+ .07	+ 0.2	+ .10
42.7	− 1.7	+ .17	− 0.7	− .01	+ 5.5	− .07	+ 1.5	− .24	+ 2.7	+ .06	+ 0.5	+ .10
43.7	− 1.5	+ .15			+ 4.2	− .10			+ 8.3	+ .08	+ 0.5	+ .12
45.7	− 0.8	+ .16			+ 2.3	− .16					+ 0.6	+ .14
46.7	− 1.3	+ .17			+ 0.5	− .06	+ 0.4	− .17	+ 60	+ .09	+ 1.8	+ .18

	12 880 Σ 2579 Rabe unveröff. III l 4 d		12 889 Σ 2576 Rabe 1948 AN **276.**56 I l o pd		12 972 OΣ 387 Rabe 1948 AN **276.**267 I l 1 pd		13 461 OΣ 400 Meier 1923 AN **219.**231 I r 1 d		13 723 OΣ 406 v. Biesbr. 1936 Publ. Yerkes **8.**2 I l 1 pd		14 073 β 151 Finsen 1938 U. O. C. **99.**461 * I l 1 d	
34.7	− 0°5	0	− 1°9	− ″01	− 0°9	+ ″06	− 1°3	+ ″05				
35.7	− 0.4	+ .06	− 1.2	+ .05	− 0.8	+ .09	− 2.7	+ .09				
36.7	+ 0.2	− .02	− 0.7	+ .04	+ 0.5	+ .04	− 0.5	+ .02			− 1°8	− ″09
37.7	+ 0.2	− .01	+ 0.6	− .02	0	+ .06	+ 0.5	+ .01			+ 2.8	− .04
38.7	+ 0.1	− .02	+ 0.1	− .01	+ 1.7	+ .05	0	0			+ 5.9	− .06
39.7	− 0.3	− .02	− 0.9	− .02	+ 1.0	0	+ 0.9	+ .04	− 0°7	− ″01	+ 1.4	− .02
40.7	− 0.7	+ .01	− 1.1	− .01	+ 0.8	+ .03	+ 0.5	+ .04	− 1.8	0	− 7.5	− .01
41.7	− 0.5	− .01	− 0.9	− .05	+ 0.6	− .01	− 0.1	+ .04	− 0.6	− .01	− 6.2	− .04
42.7	+ 0.1	+ .04	− 1.4	− .03	− 0.3	0	0	+ .05	− 1.0	+ .01	+ 0.8	− .02
43.7	+ 0.1	+ .02	+ 0.5	− .02	− 0.6	− .02	+ 0.7	+ .10	− 0.2	+ .02	+ 3.3	+ .01
45.7	− 0.9	− .02	− 0.9	− .04	+ 0.6	− .01	+ 1.0	+ .08	+ 0.1	0	− 0.3	− .02
46.7	+ 0.1	+ .01	− 0.8	− .03	− 0.8	− .01	+ 0.6	+ .06	− 0.5	+ .01	+ 2.1	− .04

	14 296 OΣ 413 Rabe 1948 AN **276.**268 I l 1 pd		14 360 Σ 2729 Jackson 1921 Grw. Cat. 227 I, II l 1 pd		14 499 Σ 2737 v. d. Bos 1933 U. O. C. **90.**388 I l o d		14 636 Σ 2758 Fletcher 1931 MN **92.**121 IV l 1		14 839 β 163 Finsen 1937 U. O. C. **98.**361 I r 2 d		15 176 β 1212 Finsen 1929 U. O. C. **81.**112 I l o pd	
32.8							− 0°13	− ″24				
34.8	− 4°1	+ ″04	− 2°0	+ ″15	− 12°3	− ″03	+ .07	− .11	− 3°6	− ″01		
35.8	− 2.1	+ .02	− 6.2	+ .24			+ .06	− .08				
36.8	− 0.1	− .04	− 3.3	+ .10	− 4.3	+ .04	+ .14	− .05				
37.8	+ 0.5	+ .02	+ 0.2	+ .19	− 2.9	+ .01	+ .15	− .06				
38.8	− 0.6	− .05	− 0.3	+ .23	− 3.5	+ .04	0	− .03	− 0.9	− .03	+ 0°2	− ″02
39.8	+ 0.1	− .05	+ 0.2	+ .08	− 4.3	+ .04	+ .20	− .04	− 3.0	+ .01	− 2.7	− .03
40.8	− 0.3	− .01	+ 0.5	+ .24	− 2.6	0	− .03	− .03	− 0.5	+ .06	+ 0.2	− .03
41.8	− 0.4	+ .01	0	+ .19	− 1.8	− .03	+ .21	− .03	+ 0.4	− .02	+ 2.4	− .06
42.8	− 0.9	− .02	+ 0.6	+ .17	− 0.9	− .01	+ .04	− .03	+ 0.3	+ .03	+ 1.2	− .03
43.8	− 1.0	+ .01	+ 0.3	+ .21	− 1.7	+ .01	+ .13	− .07			+ 1.7	− .06
45.8	− 0.9	+ .01	− 0.4	+ .24	− 1.2	+ .02			− 1.2	+ .09	+ 1.2	− .04
46.8	− 0.5	+ .03	+ 0.4	+ .41	− 0.6	+ .03	+ .19	− .02			+ 2.0	− .02

	15 270 Σ 2822 Komendantow 1936 AN **260.**15 I l 1 pd		15 281 β 989 Luyten 1934 Ap. J. **79.**449 * I l o d		15 971 Σ 2909 Strand 1941 A. J. **49.**165 III l o d		15 972 Kr 60 Huffer 1930 A. J. **40.**183 III r 2		15 988 Σ 2912 v. Biesbr. 1927 Publ. Yerkes **5.**1 I l 1 pd		16 665 β 80 Tannenbaum 1938 U. O. C. **99.**463 II r 1 d	
32.8					+ 0°1	− ″05						
34.8	+ 1°9	+ ″01			+ 0.1	+ .03	+ 1°9	+ ″34	+ 0°6	+ ″05	− 1°1	+ ″01
35.8	+ 2.2	+ .02			+ 0.5	+ .02	− 0.7	+ .10	− 2.5	+ .05	− 2.6	+ .04
36.8	+ 3.9	+ .01			+ 0.8	− .02			+ 0.6	+ .04	− 2.8	+ .02
37.8	+ 4.2	0	+ 5°	+ ″04	+ 0.7	− .02	− 0.7	+ .11	− 0.6	+ .03	− 1.5	0
38.8	+ 2.2	0	+ 5	− .01	+ 0.4	− .08	− 1.8	+ .15	− 1.1	+ .04	− 0.9	+ .05
39.8	+ 0.6	− .03	+ 7	− .01	+ 0.5	− .03	− 3.2	+ .11	− 1.2	+ .05	− 1.5	+ .11
40.8	+ 1.6	− .05	+ 7	+ .03	+ 0.5	− .10	− 3.4	+ .08	+ 0.6	+ .07	− 1.6	+ .08
41.8	+ 2.2	− .04	+ 7	+ .02	+ 0.2	− .07	− 2.3	− .03			− 1.4	+ .07
42.8	+ 2.1	− .06	+ 14	+ .06	+ 0.2	− .05	− 2.0	+ .02	− 0.3	+ .04	− 2.2	− .02
43.8	+ 2.7	− .06	(+ 82)		+ 0.1	− .01	− 1.3	− .13			− 3.5	− .07
45.8	+ 2.6	− .10			+ 0.1	− .06						
46.8	+ 2.7	− .01	+ 18	+ .07	− 0.7	+ .02	− 1.6	− .07				

2 200	β 524	v. d. Bos 1938	U. O. C. **99.**446 I	* I l 1 d	1939	+ 0°1	″00
			II			+ 0.4	+ .02
3 475	β 883	Kuiper 1937	Ap. J. **86.**171	* I l o d	1943	+ 17.0	.00
6 420	β 101	Woolley, Symms 1937	MN **97.**445	I l 1 d	1943	− 4.1	+ .01
					1944	− 5.3	− .01
11 568	Σ 2384	Baize 1950	JO **33.**127	II r o d	1942	− 0.9	+ .02
13 125	Ho 581	v. Biesbr. 1927	Publ. Yerkes V.	* I l o d	1943	+ 5.2	+ .03
					1945	+ 2.5	+ .02
					1946	+ 6.2	+ .03
14 773	OΣ 535	Luyten, Ebbig. 1934	Publ. Minn. **2.**25	* I l o d	1940	$\varrho_c = 0.''044$	
					1943	− 0.8	− .04
					1945	0.0	+ .01
14 783	H I 48	Baize 1950	JO **33.**131	I l o d	1936	− 4.3	− .09
					1938	− 0.7	− .04
					1941	− 2.4	+ .01
15 267	Ho 166	Mannino 1947	MSAI **18.**2.136	* I r o	1940	− 37	− .05
					1946	− 20	− .04
16 173	Ho 296	Eggen 1946	A. J. **52.**113	* I l o d	1934	− 6.0	.00
					1938	+ 9.5	+ .04
					1940	$\varrho_c < 0.''15$	
16 326	A 632	v. d. Bos 1938	U. O. C. **100.** 480	I r 1 d	1940	+ 1.1	− .03
					1941	+ 1.1	+ .04
					1942	− 0.6	+ .08
					1946	+ 1.3	+ .06
16 538	OΣ 489	Muller 1951	briefl. Mittl.	I l 2 d	1945	− 0.2	− .05
16 666	Σ 3001	Lupl.-Janss. 1929	MN **89.**548			Elemente illusorisch	

Kolibri 360 GmbH
Ferdinand-Jühlke-Straße 7
99095 Erfurt, Deutschland
produktsicherheit@kolibri360.de